Untersuchung eines Zweistrahlprozesses als Ansatz zur Prozessstabilitätserhöhung des drahtbasierten Laserauftragschweißens

Investigation of a Dual-Beam Process as an Approach to Increase Process Stability in Wire-Based Laser Metal Deposition

Von der Fakultät für Maschinenwesen
der Rheinisch-Westfälischen Technischen Hochschule Aachen
zur Erlangung des akademischen Grades eines
Doktors der Ingenieurwissenschaften
genehmigte Dissertation

vorgelegt von

Marius Gipperich

Berichter/in:

Univ.-Prof. Dr.-Ing. Thomas Bergs
Univ.-Prof. Dr. rer. nat. Constantin Leon Häfner

Tag der mündlichen Prüfung: 07. Dezember 2022

Diese Dissertation ist auf den Internetseiten der Universitätsbibliothek online verfügbar.

ERGEBNISSE AUS DER PRODUKTIONSTECHNIK

Marius Gipperich

Untersuchung eines Zweistrahlprozesses als Ansatz zur Prozessstabilitätserhöhung des drahtbasierten Laserauftragschweißens

Herausgeber:
Prof. Dr.-Ing. T. Bergs
Prof. Dr.-Ing. Dipl.-Wirt. Ing. G. Schuh
Prof. Dr.-Ing. C. Brecher
Prof. Dr.-Ing. R. H. Schmitt

Band 10/2023

WZL | RWTH AACHEN UNIVERSITY

Fraunhofer IPT

Bibliografische Information der Deutschen Nationalbibliothek
Die Deutsche Nationalbibliothek verzeichnet diese Publikation in der Deutschen Nationalbibliografie; detaillierte bibliografische Daten sind im Internet über https://portal.dnb.de abrufbar.

Marius Gipperich:

Untersuchung eines Zweistrahlprozesses als Ansatz zur Prozessstabilitätserhöhung des drahtbasierten Laserauftragschweißens

1. Auflage, 2023

Gedruckt auf holz- und säurefreiem Papier, 100% chlorfrei gebleicht.

Apprimus Verlag, Aachen, 2023
Wissenschaftsverlag des Instituts für Industriekommunikation und Fachmedien
an der RWTH Aachen
Steinbachstr. 25, 52074 Aachen
Internet: www.apprimus-verlag.de, E-Mail: info@apprimus-verlag.de

Druck: CPI Druckdienstleistungen GmbH, Ferdinand-Jühlke-Straße 7 I 99095 Erfurt

ISBN 978-3-98555-151-4

D 82 (Diss. RWTH Aachen University, 2022)

Vorwort und Danksagung

Preamble and Acknowledgement

Die in dieser Dissertation dargestellten Ergebnisse entstanden während meiner etwa dreijährigen Tätigkeit als wissenschaftlicher Mitarbeiter am Fraunhofer-Institut für Produktionstechnologie IPT in Aachen und dem Werkzeugmaschinenlabor (WZL) der RWTH Aachen University. Viele der Untersuchungen konnte ich im Rahmen eines öffentlich geförderten Forschungsprojekts (Deutsche Forschungsgemeinschaft (DFG) - Projektnummer 370349951) durchführen.

Dank der Vielfalt der am IPT bearbeiteten Fragestellungen wurde mir oftmals ein Blick über den Tellerrand meiner eigenen Forschungsarbeiten hinaus gewährt. Dieser regelmäßige Wechsel des Blickwinkels hat maßgeblich dazu beigetragen, die relevanten Aspekte herauszuarbeiten und immer wieder den Zusammenhang zum „großen Ganzen" herzustellen. Der Abschluss meines Dissertationsprojekts stellt auch das Ende eines der wahrscheinlich intensivsten Lebensabschnitte für mich dar. In den letzten zehn Jahren konnte ich während meines Studiums der Werkstofftechnik an der Universität des Saarlandes und der École Européenne d'Ingénieurs en Génie des Matériaux sowie der anschließenden Zeit der Promotion an der RWTH Aachen Einblicke in eine Vielzahl überaus spannender Forschungsbereiche gewinnen. Zusammen mit der Begegnung mit Menschen mit unterschiedlichsten kulturellen Hintergründen in dieser Zeit haben diese technisch-beruflichen Erfahrungen mich zu der Person gemacht, die ich heute bin.

Mein Dank gilt Herrn Prof. Dr.-Ing. Thomas Bergs MBA für die Übernahme der Betreuung meines Promotionsvorhabens sowie Herrn Prof. Dr. rer. nat. Constantin Häfner, der sich als Zweitgutachter zur Verfügung gestellt hat.

Besonders danken möchte ich darüber hinaus den Kollegen der IPT-Abteilungen „Additive Fertigung und Laserstrukturieren" sowie „Technologieorganisation und -vernetzung" für das stets offene Ohr, die kritische Diskussionsbereitschaft und die gegenseitige Motivation und Unterstützung. Meinem ehemaligen Abteilungsleiter Robin Day danke ich für die Begleitung meines Dissertationsvorhabens und die Übernahme der Erstkorrektur. Bei Stefan Gräfe und Jan Riepe bedanke ich mich für den engen inhaltlichen Austausch sowie bei Jürgen van Rieth und Guido Gerst für die kontinuierliche praktische Unterstützung. Meinen studentischen Mitarbeitern Marcos Pereira Campos, Nivaldo Venture Junior, Christian Peters, Dennis Patrick Wilhelm, Hassan Jaajouhi, Matej Kočevar und Henrik Lange danke ich für die großartige Hilfe bei der experimentellen Umsetzung. Auch bei allen anderen Kolleg*innen des IPT bedanke ich mich herzlich für die freundliche Arbeitsatmosphäre und die moralische sowie technische Unterstützung bei der Realisierung meines Dissertationsvorhabens.

Nicht zuletzt bin ich auch meinem privaten Umfeld zu großem Dank verpflichtet. Ohne die kontinuierliche Unterstützung durch meine Freundinnen und Freunde und zuallererst meine Familie wäre es mir wohl nicht gelungen, dieses Projekt zu Ende zu führen.

Aachen, im Februar 2023 Marius Gipperich

Inhaltsverzeichnis

Table of Contents

Formelzeichen und Abkürzungen

Symbols and Abbreviations

Große und kleine Buchstaben

Name	Einheit	Beschreibung
A	-	Absorptionsgrad
α	1/m	Absorptionskoeffizient
α_{eff}	-	Effektiver Absorptionskoeffizient
α_S	°	Anbindungswinkel zwischen Aufschweißung und Substrat
c	m/s	Ausbreitungs-/Lichtgeschwindigkeit (im Vakuum: $c = 3 \cdot 10^8$ m/s)
c_L	J/(kg·K)	Spezifische Wärmekapazität Flüssigkeit (Wasser: 4186 J/(kg·K))
c_s	J/(kg·K)	Spezifische Wärmekapazität Probe (Stahl: 461 J/(kg·K))
b_s	mm	Schweißraupenbreite
d	m	Ebenenabstand (Bragg-Reflexion)
d_s	mm	Schweißraupenabstand (Schichtaufbau)
D_i	µm	Höhendifferenz zwischen Schweißraupenberg und -tal
E_G	J	Grundenergieniveau Elektron
E_1	J	Angeregtes Energieniveau Elektron
E_P	J	Einzelpulsenergie
E_S	J/m	Streckenenergieeintrag
E_V	J/mm³	Volumenenergieeintrag
ε_r	-	Relative Permittivität
ε_0	A·s/(V·m)	Elektrische Feldkonstante
η	kg/(m·s)	Viskosität
f	m, Hz, -	Brennweite (einer Linse), Frequenz (allgemein), mathematische Funktion (allgemein)
f_p	Hz	Repetitionsrate/Pulsfrequenz
F_G	N	Gewichtskraft
F_{Hang}	N	Hangabtriebskraft

F_{Laser}	N	Laserinduzierte Kraft
h_m	µm	Minimale Höhe der Bauteiloberfläche
h_l	µm	Maximale Höhe der Bauteiloberfläche links
h_r	µm	Maximale Höhe der Bauteiloberfläche rechts
h_s	µm	Schweißraupenhöhe
h_t	µm	Talhöhe zwischen zwei Schweißraupen
I	W/cm²	Intensität
I_0	W/cm²	Ausgangsintensität an der Oberfläche
j	-	Bahnabstandsfaktor
k	m^{-1}	Wellenzahl
λ	nm	Wellenlänge des (Laser-)Lichts
λ_c	nm	Mittlere Wellenlänge des OBR
$\Delta\lambda$	nm	Scanbereich des OBR
m_L	g	Masse der Flüssigkeit im Kalorimeterversuch
m_s	g	Masse der Probe im Kalorimeterversuch
M^2	-	Beugungsmaßzahl
μ_r	-	Relative Permeabilität
μ_0	N/A²	Magnetische Feldkonstante
n	-	Natürliche Zahl
o_s	µm	Geometrische Oberflächenkonturabweichung
ω	s^{-1}	Kreisfrequenz
P_{cw}	W	Kontinuierliche Laserleistung (des cw-Strahls)
P_{max}	W	Pulsspitzenleistung
P_L	W	Laserleistung (allgemein)
P_{pw}	W	Mittlere Pulslaserleistung (des pw-Strahls)
φ_0	°	Phasenverschiebung
r_0	mm	Radius der Strahltaille (Fokuspunkt)
R	-	Reflexionsgrad
Ra	µm	Arithmetischer Mittenrauwert
ρ_D	-	Verhältnis der Draht- zur Maschinenvorschubgeschwindigkeit

SPP	mm·mRad	Strahlparameterprodukt
t	s	Zeit
t_0	s	Startzeitpunkt
t_1	µm	Tiefe der Wärmeeinflusszone unter Substratoberfläche
t_2	µm	Tiefe der Wärmeeinflusszone unter Durchmischungszone
t_A	s	Bearbeitungszeit Kalorimeterversuch
Δt_{Pause}	s	Pausenzeit zwischen zwei Pulsen
$\Delta t_{Periode}$	s	Periodenlänge
Δt_{Puls}	s	Pulsdauer
T	-	Transmissionsgrad
$T_{A,S}$	°C	Probentemperatur nach Laserbearbeitung im Kalorimeterversuch
T_E	°C	Endtemperatur von Flüssigkeit und Probe im Kalorimeterversuch
$T_{0,L}$	°C	Starttemperatur der Flüssigkeit im Kalorimeterversuch
$T_{0,S}$	°C	Starttemperatur der Probe im Kalorimeterversuch
ϑ	°C	Temperatur (allgemein)
θ	°	Öffnungswinkel Laserstrahl, Einfallswinkel Bragg-Bedingung
v_D	mm/min	Drahtvorschubgeschwindigkeit
v_M	mm/min	Maschinenvorschubgeschwindigkeit
w_s	µm	Oberflächenwelligkeit
x	m	Ortskoordinate
y	mm	Auslenkung (Wellenausbreitung)
y_0	mm	Schwingungsamplitude (Wellenausbreitung)
z	mm	Eindringtiefe (Absorption)

Abkürzungen

AM	Additive Manufacturing (additive Fertigung)
CAD	Computer-Aided Design (Computergestütztes Design)
CAM	Computer-Aided Machining (Computergestützte Bearbeitung)
DED	Directed Energy Deposition (Abscheidung mit gerichteter Energie)
EBAM	Electron beam AM (AM mit Elektronenstrahlschmelzen, drahtbasiert)
EBM	Electron Beam Melting (Elektronenstrahlschmelzen, pulverbasiert)
EW2C	Express Wire Coil Cladding
IR	Infrarot
LPBF	Laser Powder Bed Fusion (Laserpulverbettschmelzen, siehe SLM)
LMD-p	Powder-based Laser Metal Deposition (pulverbasiertes Laserauftragschweißen)
LMD-w	Wire-based Laser Metal Deposition (drahtbasiertes Laserauftragschweißen)
OBR	Optical Backscatter Reflectometry (optische Rückstreureflektometrie)
OCT	Optical Coherence Tomography (optische Kohärenztomografie)
pw	pulsed wave [laser] (gepulster/modulierter Laserstrahl)
SLM	Selective Laser Melting (siehe LPBF)
WAAM	Wire-Arc Additive Manufacturing (drahtbasiertes Lichtbogenauftragschweißen)
WEZ	Wärmeeinflusszone

Kurzzusammenfassung

Abstract

In der Kategorie der additiven Fertigungsverfahren (AM) kommt dem drahtbasierten Laserauftragschweißen (LMD-w) großes Potenzial zu. Es vereint hohe Auftragraten und Genauigkeit mit einem kostengünstigen und einfach handhabbaren Zusatzwerkstoff. Allerdings ist seine Prozessstabilität aufgrund der komplexen Draht-Schmelzbad-Interaktion im Vergleich zu anderen AM-Verfahren gering und die industrielle Anwendung begrenzt.

Diese Arbeit zielte darauf ab, einen Zweistrahlprozess, in dem der konventionelle kontinuierliche Prozesslaser (cw) mit einem gepulsten Laserstrahl (pw) mit geringer Leistung überlagert wird, hinsichtlich seiner prozessstabilisierenden Wirkung auf das LMD-w zu untersuchen. Untersuchungswerkstoff war ein Cr- und Mn-legierter Sonderwerkzeugstahl.

Die Vorgehensweise war aus drei Teilschritten zusammengesetzt. Zunächst wurden die Wirkmechanismen des gepulsten Laserstrahls grundlegend erforscht. Es wurde gezeigt, dass durch die pulslaserinduzierte Verdampfung an der Werkstückoberfläche eine Dampfwolke entsteht, die den Prozess maßgeblich beeinflusst. In dem Dampf wird die Absorption im Vergleich zum konventionellen LMD-w-Prozess erhöht, sodass die Abschmelzleistung steigt und die Viskosität des Schmelzbades sinkt. Durch die Expansion des Werkstoffs bei der Verdampfung entsteht zudem eine Kraft, die auf das Werkstück bzw. das Schmelzbad wirkt und dessen Geometrie verändert. Der Einfluss der Dampfwolke auf die Prozesstemperatur und die resultierende Schweißraupengeometrie wurde abhängig von der pw-Frequenz und -Leistung untersucht und auf dampfphysikalische Mechanismen zurückgeführt.

Im nächsten Schritt wurde analysiert, ob und wie der modulierte Laserstrahl zu einer Prozessstabilisierung beim Auftrag von Einzelschweißraupen führt. Es wurde erkannt, dass die Dampfwolke die Schmelzbadform und -dynamik stabilisiert und ein Abreißen der Verbindung zwischen Draht und Schmelzbad verhindert. Die möglichen Prozessfenster, in denen der Prozess bei einer Parametervariation weiterhin stabil verläuft, sind für Zweistrahlprozesse mit geringen resultierenden Kräften auf das Schmelzbad deutlich größer als im Einstrahlprozess. Die Erkenntnisse wurden in Modelle der Einzeleffekte und des Gesamtprozesses überführt.

Im dritten Schritt erfolgte eine Übertragung auf die Fertigung dreidimensionaler Geometrien. Hier wurde neben der Erhöhung der Prozessstabilität eine Steigerung der Oberflächen- und Gefügequalität durch den Zweistrahlprozess nachgewiesen.

Zusammenfassend belegen die Ergebnisse dieser Arbeit die Eignung des Zweistrahlprozesses zur Stabilisierung drahtbasierter Laserauftragschweißprozesse. Sie eröffnen die Perspektive eines mittelfristigen Industrietransfers mit dem Blick auf eine höhere Resilienz und Nachhaltigkeit in der Produktion.

Abstract

Kurzzusammenfassung

In the category of Additive Manufacturing (AM) processes, wire-based Laser Metal Deposition (LMD-w) offers high potential. It combines high deposition rates and accuracy with a cost-effective and easy-to-handle filler material. However, its process stability is low compared to other AM processes due to the complex wire-melt pool interaction, and its industrial application is limited.

This work aimed to investigate a dual-beam process, in which the conventional continuous process laser (cw) is superimposed with a low-power pulsed laser beam (pw), for its process stabilizing effect in LMD-w. The material under investigation was a Cr and Mn-alloyed special tool steel.

The procedure was composed of three sub-steps. First, the mechanisms of action of the pulsed laser beam were fundamentally investigated. It was shown that the pulsed laser-induced vaporization at the workpiece surface creates a vapor cloud, which has a significant influence on the process. In the vapor, the absorption is increased compared to the conventional LMD-w process, so that the deposition rate raises and the viscosity of the melt decreases. The expansion of the material during evaporation also creates a force that acts on the workpiece and melt pool and changes its geometry. The influence of the vapor cloud on process temperature and the resulting welding bead geometry was investigated as a function of the pw frequency and power and related to vapor-physical mechanisms.

In the next step, it was analyzed whether and how the modulated laser beam leads to process stabilization during the deposition of single welding beads. It was found that the vapor cloud stabilizes the melt pool shape and dynamics and prevents interruption of the wire-melt pool connection. The process windows in which the process remains stable during parameter variation are significantly larger for dual-beam processes with low resultant force on the melt pool than in the single-beam process. The findings were transferred to models of the single effects and the overall process.

In the third step, the results were applied to the production of three-dimensional geometries. Here, in addition to the increase in process stability, an improvement of surface and microstructure quality by the dual-beam process was demonstrated.

In summary, the results of this work demonstrate the suitability of the dual-beam process for stabilizing wire-based LMD processes. They offer the perspective of a medium-term industrial transfer going along with higher resilience and sustainability in production.

1 Einleitung und Motivation

Introduction and Central Issue

Die Wichtigkeit einer resilienten, anpassungsfähigen Produktionstechnik wurde der Gesellschaft in der letzten Zeit angesichts der COVID-19-Pandemie und militärischer Konflikte selbst in Europa vor Augen geführt. Gewohnte Lieferketten sind plötzlich unterbrochen und Rohstoffe für verschiedenste Produkte trotz der zuvor erreichten Globalisierung der Märkte nicht mehr verfügbar [DIHK21]. Additiven Fertigungsverfahren kommt in diesem Kontext eine besondere Bedeutung zu. Sie revolutionieren seit einigen Jahren den Markt industriell verfügbarer Produktionstechniken [RICH17], [ZEYN17], [WOHL20]. Aufgrund ihrer hohen Flexibilität hinsichtlich verarbeitbarer Werkstoffe und herstellbarer Geometrien sowie ihrer guten Automatisier- und Digitalisierbarkeit eröffnen sie in vielen Bereichen Möglichkeiten, die mit konventionellen Fertigungsverfahren kaum denkbar wären [GEBH17]. Vor allem in der Kleinserienfertigung, im Prototypenbau oder bei kleinen Designänderungen herkömmlicher Produkte bieten additive Prozesse große Vorteile. Verfahren wie das Auftragschweißen, bei dem ein Zusatzwerkstoff unter Zufuhr von thermischer Energie gezielt auf ein Substrat bzw. eine bereits vorhandene Struktur aufgetragen wird, eignen sich zudem als höchst ressourceneffiziente Reparaturverfahren.

Unter den verschiedenen Auftragschweißverfahren zeichnet sich das Laserauftragschweißen durch einen sehr kleinen und kontrollierbaren Wärmeeintrag in das Werkstück aus [NGO18]. Dieses wird dadurch nur in geringem Maße thermisch beeinträchtigt. Die Verwendung von Draht als Zusatzwerkstoff ermöglicht eine Materialeffizienz von nahezu 100 %, was zusammen mit weiteren Vorteilen wie einer hohen Sicherheit und einfachen Handhabung zu einer grundsätzlichen Industrieattraktivität führt [KAIE12], [BRUE17], [DEMI18]. Allerdings sind drahtbasierte Laserauftragschweißprozesse vergleichsweise instabil, insbesondere wenn der Draht lateral zugeführt wird. Schon kleine Schwankungen im Prozessablauf oder der äußeren Bedingungen können einen Prozessabbruch verursachen. Im schlimmsten Fall muss das bereits aufgetragene Material subtraktiv entfernt und der Auftragprozess von Neuem begonnen werden. Aus diesem Grund wird in der industriellen Fertigung heutzutage meist auf das pulverbasierte Laserauftragschweißen zurückgegriffen [ZEYN17], [RICH17], [WOHL20]. Die Nachteile, die beispielsweise in den höheren Rohmaterialkosten, der Gesundheitsgefahr für die Mitarbeitenden sowie der Verunreinigung von Maschinen und Produktionsstätten durch Pulverpartikel bestehen, werden aufgrund der höheren Zuverlässigkeit in Kauf genommen [HEIG16], [SYED05], [BAMB18].

Um das drahtbasierte Laserauftragschweißen im Vergleich zu Pulverprozessen konkurrenzfähiger zu machen, müssen Konzepte erforscht werden, die eine Steigerung der Prozessstabilität erlauben. Ein solches Konzept ist das ursprünglich für das Laserstrahlhartlöten entwickelte Zweistrahlverfahren, bei dem ein kontinuierlicher Prozesslaser mit einem zweiten, modulierten Laserstrahl überlagert wird. Dieser zweite Laserstrahl bringt zwar nur eine vernachlässigbar kleine zusätzliche Prozessleistung ein, ändert den Prozess aber grundlegend [DONS12]. Durch den modulierten Laserstrahl werden die Schmelzbaddynamik und -form und die Energieeinkopplung im Laserstrahlhartlöten beeinflusst. Durch Nutzung der Effekte beim Laserauftragschweißen ist einerseits denkbar, den Querschnitt und die Oberflächenrauheit der Schweißraupen zu verändern und anwendungsspezifisch zu verbessern. Andererseits besteht die Annahme, dass der Absorptionskoeffizient für die eingebrachte Laserstrahlung im Zweistrahlprozess im Vergleich zum konventionellen Auftragschweißen erhöht wird. Erste Ergebnisse weisen darauf hin, dass durch die verstärkte Absorption die benötigte Gesamtprozesslaserleistung geringer ist. Daraus folgt Potenzial für eine ökologisch nachhaltigere Produktion. Kombiniert eröffnen die Veränderungen der Schmelzbadform und der Absorptionseigenschaften durch den modulierten Laserstrahl gänzlich neue Möglichkeiten hinsichtlich der Prozesseinstellbarkeit und -flexibilität. Insgesamt wird vermutet, dass das von den verschiedenen Prozesseinflussgrößen aufgespannte stabile Prozessfenster im Zweistrahlprozess vergrößert wird. Der Prozess ist somit äußeren Einflüssen gegenüber weniger störanfällig und kann zuverlässiger eingesetzt werden. Zusammenfassend sind im Vergleich zum konventionellen Laserauftragschweißen mit lateraler Drahtzuführung große Vorteile identifizierbar.

Um diese Vorteile mittel- bis langfristig für die industrielle Anwendung nutzbar zu machen, ist das Ziel dieser Arbeit zunächst eine Analyse der auftretenden physikalischen Effekte mit ihren Ursache-Wirkungs-Zusammenhängen. Aufgrund der hohen prozessdynamischen Komplexität der Wechselwirkungen müssen experimentelle Methoden entwickelt werden, die eine gesonderte Betrachtung der einzelnen Effekte erlauben. Davon ausgehend wird untersucht, wie diese Effekte zu einer Prozessstabilisierung beim Auftrag von Einzelschweißraupen und beim additiven Aufbau dreidimensionaler Bauteile mittels drahtbasiertem Laserauftragschweißen beitragen. Es wird ein empirisches Prozesserklärungsmodell erarbeitet, das die verschiedenen Einflussgrößen und ihre Auswirkungen auf den Prozess beschreibt. Durch das Modell wird es zukünftig möglich sein, Prozessergebnisse zuverlässiger vorherzusagen und physikalische Zusammenhänge übersichtlicher darzustellen.

Zusammengefasst wird in dieser Arbeit mit dem Zweistrahlprozess ein Ansatz untersucht, der das Potenzial besitzt, die industrielle Nutzbarkeit und die Zuverlässigkeit des drahtbasierten Laserauftragschweißens zu erhöhen. Dabei wird die gesamte Bandbreite von physikalischen Grundlagenversuchen bis hin zu anwendungsbezogenen Auftragschweißversuchen betrachtet. Eingebettet in einen globalen produktionstechnischen Kontext zielen die Untersuchungen darauf ab, zu einer Steigerung von Wirtschaftlichkeit und Nachhaltigkeit in der Produktion und der Prozessauslegung von additiven Prozessen beizutragen.

2 Stand der Technik in Forschung und Industrie

State of the Art in Research and Industry

In diesem Kapitel werden die technischen Grundlagen und die Ausgangssituation dieser Arbeit dargelegt. Ausgehend von einer Einführung in die Lasermaterialbearbeitung und die additive Fertigung metallischer Werkstoffe wird der Zweistrahlprozess detailliert beschrieben. Nach einer Potenzialanalyse dieses Verfahrens zur Prozessstabilisierung wird das Forschungsdefizit abgeleitet, das den Ausgangspunkt der Untersuchungen in dieser Arbeit darstellt.

2.1 Laserbearbeitung in der Fertigungstechnik

Laser Processing in Manufacturing Technology

Die Lasermaterialbearbeitung ist seit einigen Jahrzehnten fest in der industriellen Fertigung etabliert. Der Laser als Werkzeug ermöglicht durch die Verwendung von Licht als Energiequelle eine berührungslose Bearbeitung und eine große Vielfalt möglicher Bearbeitungsprozesse. Diese liegt in der Beeinflussbarkeit der Strahleigenschaften begründet. Mit dem Werkzeug „Laser“ können unter anderem Abtrag-, Auftrag-, Umschmelz- oder additive Prozesse durchgeführt werden. [RUF04], [POPR05], [CRIS09], [BUCH11]

Der Begriff „LASER“ ist die englischsprachige Abkürzung von Light Amplification by Stimulated Emission of Radiation. Eine schematische Darstellung der stimulierten Emission mit den verschiedenen Energieniveaus sowie Übergängen zur Erzeugung von Laserlicht ist in Abbildung 2-1 gegeben und wird im Folgenden erläutert.

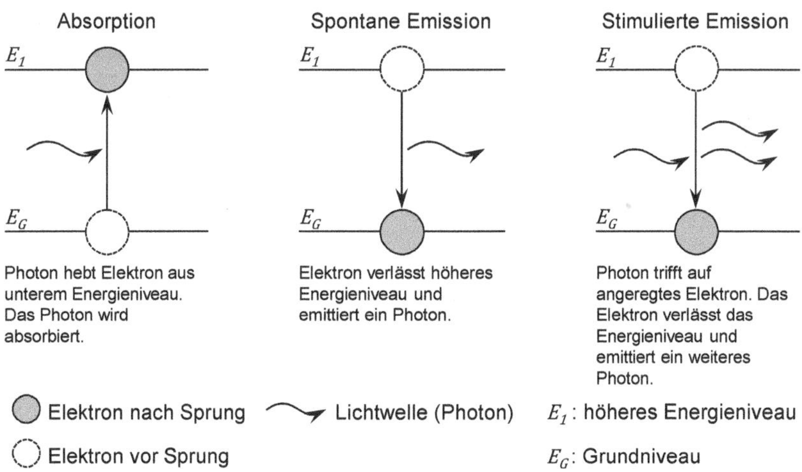

Abbildung 2-1: Schematische Darstellung der stimulierten Emission nach [EICH10].
Schematic of stimulated emission according to [EICH10].

Für die Erzeugung von Laserstrahlung wird ein sogenanntes laseraktives Medium verwendet. Es wird ausgenutzt, dass die Elektronen in Atomen oder die Schwingungen von Molekülen diskrete Energieniveaus besitzen. Durch Energiezufuhr aus einer sog. Pumpquelle (zumeist Gasentladung, Gleichstrom oder ein weiterer Laser) werden die Elektronen des Mediums aus dem Grundzustand mit minimaler Energie in einen angeregten Zustand gebracht. Im Falle der spontanen Emission, wie sie ohne weitere äußere Beeinflussung des Zustandes auftritt, fällt das angeregte Elektron zu einem statistischen Zeitpunkt wieder in den Grundzustand zurück. Die Energiedifferenz zwischen angeregtem und Grundzustand wird dabei in Form eines Lichtquants emittiert. Zur Erzeugung von Laserstrahlung ist es allerdings notwendig, dass diese Emission steuerbar und zeitlich kontrolliert erfolgt. Bei dieser sogenannten stimulierten Emission trifft ein Photon, das genau die gleiche Energie besitzt wie die Differenz zwischen angeregtem Zustand und einem darunterliegenden Niveau, auf das angeregte Atom oder Molekül. Das Photon induziert den Übergang zwischen den beiden Niveaus, sodass nach der stimulierten Emission zwei Photonen der gleichen Energie vorliegen. Sie besitzen die gleiche Polarisationsrichtung und Phasenlage, was als Kohärenz bezeichnet wird. Die beiden Photonen können wiederum weitere Übergänge in anderen Atomen und Molekülen des laseraktiven Mediums induzieren; die Laserstrahlung wird verstärkt. Um zu erreichen, dass erzeugte Photonen das laseraktive Medium verlassen, ohne eine weitere Emission zu stimulieren, wird in Lasersystemen ein optischer Resonator eingesetzt. Dabei handelt es sich um ein Spiegelsystem, in dem austretende Photonen wieder in das laseraktive Medium zurück reflektiert werden und weitere Übergänge anregen. Lediglich an einer Seite besitzt der Resonator einen teildurchlässigen Spiegel, durch den ein definierter Anteil der entstehenden Photonen das Medium verlassen kann. Die dort austretende Strahlung ist der verwendbare Laserstrahl, der durch optische Systeme weiter geformt und beispielsweise über Lichtleitfasern zum Anwendungsort geführt werden kann. Die möglichen Energieniveaus im laseraktiven Medium sind durch quantenphysikalische Auswahlregeln eingeschränkt. Auf diese Grundlagen wird in dieser Arbeit nicht eingegangen. Vielmehr ist festzuhalten, dass die Energiedifferenzen zwischen den Niveaus materialcharakteristisch sind. Daraus folgt, dass die Wellenlänge der erzeugten Laserstrahlung von der verwendeten Form der Strahlerzeugung bzw. dem verwendeten laseraktiven Medium abhängt. [GRAF09], [HÜGE09], [EICH10]

Laseraktive Medien werden in drei Oberkategorien eingeteilt, die auch als Lasertypen bezeichnet werden. Es existieren Farbstoff-, Gas- und Festkörperlaser. Die Lasertypen unterscheiden sich insbesondere in der emittierten Wellenlänge, der erreichbaren Leistung sowie der Qualität des Strahls. Für die Materialbearbeitung werden in letzter Zeit vermehrt Diodenlaser eingesetzt. Diese sind im Vergleich zu anderen Lasertypen kostengünstig, da der Pumpvorgang über elektrischen Strom durchgeführt wird und ein sehr hoher elektrischer Wirkungsgrad vorliegt. Die Gesamtleistung des Lasers ist durch die Kombination mehrerer Einzeldioden in Barren, die dann wiederum zu Stacks (Stapeln) zusammengeschlossen werden, gut skalierbar. Diodenlaser sind Halbleiterlaser. Durch die Energiedifferenz zwischen Valenz- und Leitungsband in diesen Materialien lassen sich vergleichsweise einfach unterschiedliche und weitgehend stabile Energiezustände einstellen. Die Nachteile von Diodenlasern liegen in der geringeren Strahlqualität, vor allem bei hohen Leistungen, und der höheren Strahldivergenz. Diese muss durch geeignete Optiken korrigiert werden. [HÜGE09], [KLOC07]

Laserstrahlung zeichnet sich vor allem dadurch aus, dass das Licht durch die stimulierte Emission monochromatisch ist und eine geringe Divergenz sowie hohe örtliche und zeitliche Kohärenz aufweist. Deshalb ist es möglich, einen Laserstrahl für hochgenaue Bearbeitungsprozesse einzusetzen [POPR05], [BEYE95]. Dagegen ist die Strahlqualität eines polychromatischen oder stärker divergenten Lichtstrahls durch die auftretenden wellenlängen- und winkelabhängigen Dispersions- und Brechungsphänomene deutlich beeinträchtigt. Ein solcher Strahl kann nicht zur Materialbearbeitung verwendet werden. Abhängig von der verwendeten Laserstrahlerzeugung und den optischen Systemen zur Strahlformung können je nach Anwendung Brennflecke unterschiedlicher Größe und Form erzeugt werden. Auch die Intensitätsverteilung über den Strahlquerschnitt ist beeinflussbar und kann anwendungsangepasst erfolgen [VÖLL20]. Häufig verwendete Intensitätsverteilungsprofile sind das Gauß-Profil oder das sogenannte Tophat-Profil, das eine konstante Intensitätsverteilung über den Querschnitt erzeugt.

Der zugrundeliegende Effekt bei allen Laserbearbeitungsverfahren ist die Absorption von Energie in Form von Licht durch den zu bearbeitenden Werkstoff. Der relative absorbierte Anteil der Gesamtenergie wird als Absorptionsgrad A bezeichnet. Dieser ist werkstoff-, wellenlängen-, und temperaturabhängig. Kupfer beispielsweise absorbiert gut im kurzwelligen blauen Bereich zwischen 400 und 500 nm, Stahl im Infrarot (IR)-Bereich um Wellenlängen von etwa 1 µm [HÜGE09]. Für einige Werkstoffklassen sind die wellenlängenabhängigen und temperaturabhängigen Verläufe des Absorptionsgrades in Abbildung 2-2 gezeigt.

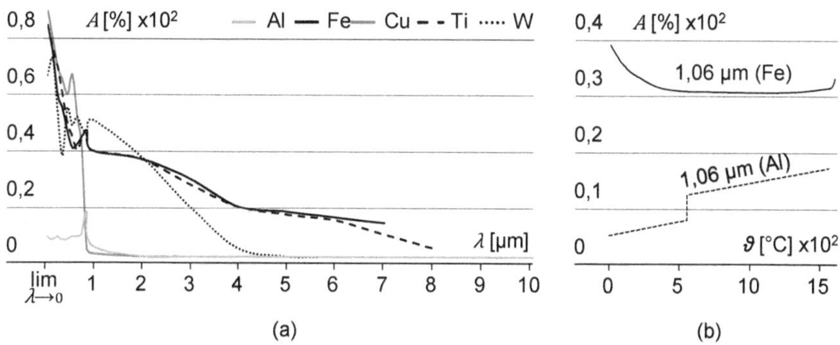

Abbildung 2-2: Abhängigkeit des Absorptionsgrades A von der einfallenden Wellenlänge (a) und der Temperatur (b) für verschiedene Metalle nach [HÜGE09].

Absorptivity A as a function of the incident wavelength (a) and the temperature (b) for different metals according to [HÜGE09].

Zudem hat der Oberflächenzustand des Werkstücks einen erheblichen Einfluss auf die Absorptionseigenschaften. Auf rauen Oberflächen treten beispielsweise diffuse Reflexionen auf, die die

Energieeinkopplung tendenziell begünstigen. Glatte Oberflächen dagegen besitzen einen insgesamt höheren Reflexionsgrad; bei ihnen ist die Strahleinkopplung erschwert. [POPR19] Die formelmäßigen Zusammenhänge sind in Teil B des Anhangs dargestellt.

Die Energieabgabe des Laserstrahls an das Material erfolgt in zwei Schritten. Das elektromagnetische Feld des Lichts wechselwirkt direkt mit den Elektronen des Werkstoffes. Durch die darauffolgende Abgabe von Elektronenenergie an das Phononensystem des Werkstoffs (Elektron-Phonon-Kopplung) kommt es zu dessen Erwärmung. In Abhängigkeit von der absorbierten Energiemenge pro Zeit und der Eindringtiefe des Lichts werden unterschiedlich große Werkstoffvolumina erwärmt. Dies entscheidet darüber, wie ein Werkstoff mit dem verwendeten Laser bearbeitet werden kann. [HORN03]

Durch die Möglichkeiten zur Strahlformung und -modulation kann der Energieeintrag so gesteuert werden, dass unterschiedliche Bearbeitungsprozesse möglich sind. Bei der Bearbeitung mit einem kontinuierlichen Laserstrahl, der auch als Dauerstrichlaser oder cw (continuous wave)-Laser bezeichnet wird, wird die Energie über die Zeit gleichförmig in das Werkstück eingebracht und verteilt sich in diesem. Im Laserbrennfleck an der Oberfläche, wo die Intensität am größten ist, entsteht bei ausreichender Leistung ein Schmelzbad. Dieser Effekt wird beim Laser(auftrag)schweißen oder dem Laserumschmelzen genutzt. Des Weiteren existieren Laserprozesse ohne Änderung des Aggregatzustandes, z.B. das Laserhärten. [KLOC07]

Der zeitliche Leistungsverlauf für einen modulierten Laserstrahl mit den zugehörigen Kenngrößen ist in Abbildung 2-3 dargestellt. Durch die Modulation des Strahls in periodische, kurze und zeitlich diskrete Pulse, zwischen denen die Ausgangsleistung Null beträgt, ist der Energieeintrag in den einzelnen Pulsen mit Pulsspitzenleistung P_{Max} deutlich höher als die zeitlich gemittelte Leistung des Strahls P_{pw}. Gepulste Laserstrahlen werden oftmals als pw (pulsed wave)-Laser bezeichnet. [POPR03]

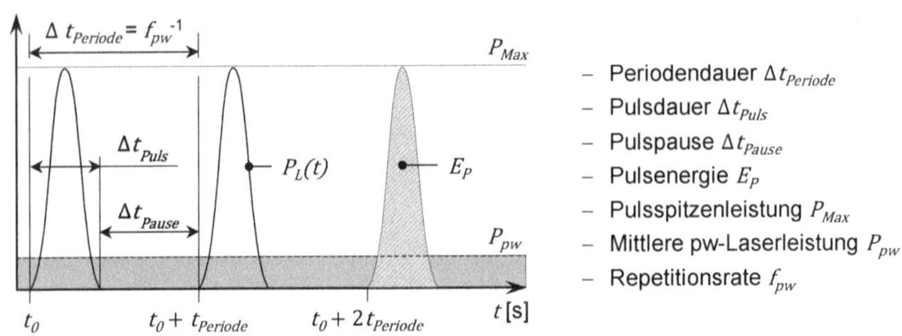

Abbildung 2-3: Schematische Darstellung des pw-Laserbetriebs.
Schematic of pw laser mode.

Durch den kurzgepulsten Energieeintrag mit hoher Leistung wird ein kleines Werkstoffvolumen schneller erwärmt, als die Energie in das umgebende Material durch Wärmeleitung abfließen kann. Das führt lokal begrenzt zum Schmelzen und Verdampfen oder bei Ultrakurzpulsen zur Sublimation des Werkstoffs. Dieser Effekt wird u.a. für das Laserstrahlstrukturieren verwendet. [POPR05], [HÜGE09]

Da das in dieser Arbeit erforschte Zweistrahlverfahren zu den additiven Fertigungsverfahren gehört, gleichzeitig aber dem Laserabtragen zuzuordnende Effekte auftreten, wird an dieser Stelle auf die physikalischen Grundlagen von Laserabtragprozessen und der Dampf-Laserstrahl-Interaktion eingegangen. Laserabtragprozesse werden maßgeblich von der Intensität und der Länge der verwendeten Laserpulse beeinflusst. Die eingesetzten Pulslängen reichen üblicherweise von einigen Mikrosekunden bis herunter in den Femtosekundenbereich. Längere Pulse verursachen einen Schmelzabtrag. In der vergleichsweise langen Zeit der Wechselwirkung findet im bearbeiteten Werkstoff Wärmeleitung statt. Der Werkstoff schmilzt zunächst und verdampft bei weiterer Energiezufuhr. Bei Ultrakurzpulsen im fs-Bereich dagegen kommt es aufgrund der hohen Intensität und der sehr kurzen Wechselwirkungszeit, während der keine Wärmeleitung stattfindet, zur Sublimation (auch „kalter" Abtrag genannt). Die Wechselwirkungszeit zwischen dem zuerst in Schwingung versetzten Elektronensystem und dem Phononensystem, an das die Energie abgegeben wird, ist länger als der Puls. Die Art und Menge des Abtrags werden dabei vor allem durch die Pulsdauer und die Pulsenergie bestimmt. Die Pulsdauer bestimmt, welcher Abtragmechanismus (Sublimation oder Schmelzabtrag) zum Tragen kommt. Die Pulsenergie hat dagegen insbesondere Einfluss auf die Menge des verdampften Werkstoffs und somit die Breite und Tiefe des abgetragenen Bereichs. [HORN03], [POPR11] Für die in dieser Arbeit verwendete pw-Quelle ist von einem Schmelzabtrag auszugehen (siehe Kapitel 4.2.1).

Die Änderung des Aggregatszustandes von fest zu gasförmig ist mit einer signifikanten Volumenzunahme des Werkstoffs verbunden. Der zunehmende Raumbedarf bei Entstehung des Metalldampfs resultiert in einer Kraft, die ihrer Entstehungsursache – dem aufgeheizten Schmelzbad – entgegenwirkt und dieses aus der Prozesszone austreibt. Es existieren Modelle, die eine Bestimmung der Metalldampftemperatur und des Metalldampfdrucks bei der Laserbearbeitung in Abhängigkeit von der einfallenden Laserintensität ermöglichen [HUMP93], [PEYR94], [DEMT17], [DEMT18], [POPR19]. Der Dampfdruck nimmt exponentiell mit der einfallenden Intensität zu, da bei hoher Intensität mehr Teilchen verdampfen. Daraus kann abgeleitet werden, welche verdampfungsinduzierten Kräfte theoretisch auf das Schmelzbad wirken. Im Kontext dieser Arbeit sei allerdings darauf verwiesen, dass diese Modelle nicht den Fall zweier gleichzeitig wirkender Laserstrahlen berücksichtigen.

Neben der Dampfentstehung und der Dampfwirkung auf das Schmelzbad war die Interaktion des Laserstrahls mit dem Metalldampf bereits Gegenstand von Forschungsarbeiten. Durch Absorptions-, Streu- und Verstärkungseffekte im Dampf wird die Laser-Material-Interaktion erheblich beeinflusst [POPR05]. Dabei wird zwischen nicht ionisierten Dampfwolken und teilweise ionisierten Dämpfen bzw. Plasmen unterschieden, die bei besonders hohen Intensitäten auftreten. Im Falle von nicht ionisierten Dämpfen wird die Interaktion durch Streueffekte bestimmt. Welche Streueffekte in welchem Maße auftreten, hängt von der Partikeldichte im Dampf und der Partikelgröße ab. Im Falle von Partikelgrößen, die klein gegenüber der einfallenden Wellenlänge sind und deren

Abstand groß gegenüber der Wellenlänge ist, ist die Rayleigh-Streuung dominant. Dabei absorbieren die Streuteilchen kurzzeitig das Laserlicht, wirken als schwingender Dipol und geben anschließend elektromagnetische Strahlung ab, die der absorbierten Energie entspricht. Somit wird der Anteil der ungestreuten Strahlung, die den Dampf unbeeinflusst durchquert, gemindert. Liegt die Größe des Teilchens in etwa im Bereich der verwendeten Wellenlänge, tritt dagegen vermehrt Mie-Streuung auf. Die Beschreibung der Mie-Streuung ist deutlich komplexer und basiert auf einer Multipolstrahlung verschiedener Ordnungen. GRESES ET AL. geben für Laserbearbeitungsprozesse von Eisen mit ähnlichen wie in dieser Arbeit verwendeten Laserquellen entstehende Partikelgrößen von etwa 50 nm an. Da diese Partikelgrößen viel kleiner sind als die in dieser Arbeit eingesetzten Wellenlängen im IR-Bereich, ist davon auszugehen, dass im weiter unten beschriebenen Zweistrahlprozess die Rayleigh-Streuung dominant ist. [GRES02], [GRES03], [DEMT18]

Im Falle von teilweiser Ionisation werden andere Effekte relevant. Je dichter das Plasma, desto stärker ist die Wechselwirkung mit dem einfallenden Laserstrahl und dessen resultierende Ablenkung [BATO89]. Es gibt zwei auftretende Mechanismen, die je nach einfallender Intensität relevant sind. Während bei geringeren Intensitäten Kollisionen im Plasma dominant sind, werden bei hohen Intensitäten kollisionsfreie Absorptionen, die mit der Bildung von heißen Elektronen auf der Werkstoffoberfläche einhergehen, relevant. Kollisionsbasierte Absorption bezeichnet dabei, dass ein Laserphoton durch ein Plasmaelektron aufgenommen wird. Die kinetische Energie des Elektrons wird erhöht. Unter kollisionsfreier Absorption werden die Resonanzoszillation der Ladungsträger des Plasmas sowie ihre Auslenkung durch ponderomotorische Kräfte (Kraft auf die Ladungsträger in einem inhomogen oszillierenden elektromagnetischen Feld) in Folge der Wechselwirkung mit dem Laserstrahl verstanden. Beide Effekte sind mit einer Minderung der durch das Plasma transmittierten Laserenergie verbunden [ROZM08], [CUI13]. Diese theoretischen Untersuchungen liefern Erklärungsansätze für Beobachtungen beim Lasertiefschweißen, bei dem plasmainduzierte Abschirmeffekte eine essentielle Rolle spielen [MILL90], [SEMA00], [POPR11]. Ebenso wurden Abschirmeffekte bereits bei Laserabtragprozessen erforscht [CRIS09]. Kernergebnis dieser Forschungsarbeiten war, dass die Abschirmung insbesondere bei hohen Pulsrepetitionsraten in Kombination mit hohen Laserleistungen relevant ist. Die durch die schnelle Pulsfolge quasikontinuierlich aufrechterhaltene hohe Teilchendichte im Plasma bewirkt, dass die Wirkung der folgenden Laserpulse abgeschwächt wird, da das Licht in starke Wechselwirkung mit dem (ionisierten) Dampf tritt. Dies kann als rückgekoppelte Beeinflussung der Pulslaserstrahlung durch die zuvor selbst erzeugte Metalldampfwolke eingeordnet werden. Wie bei der Dampf-Schmelzbad-Interaktion waren diese Untersuchungen bisher auf Prozesse mit einem einzigen Prozesslaserstrahl beschränkt.

2.2 Additive Fertigung

Additive Manufacturing

In diesem Abschnitt werden die Funktionsprinzipien und das Potenzial additiver Fertigungsverfahren für metallische Werkstoffe zusammenfassend beschrieben. Das in dieser Arbeit betrachtete drahtbasierte Laserauftragschweißen wird im Kontext der verschiedenen additiven Verfahren bewertet, bevor in Kapitel 2.3 eine detaillierte Analyse dieses Prozesses erfolgt.

2.2.1 Potenzial der additiven Fertigung

Potential of Additive Manufacturing

Additive Fertigungsverfahren (AM, von engl. Additive Manufacturing) haben in den letzten Jahren einhergehend mit einer zunehmenden Digitalisierung und Automatisierung der Produktion an Bedeutung gewonnen. Sie zeichnen sich dadurch aus, dass der verarbeitete Werkstoff schichtweise aufgetragen wird, um eine dreidimensionale Geometrie zu erzeugen. Seit einiger Zeit werden AM-Prozesse in der gesonderten Norm DIN EN ISO/ASTM 52900 definiert und eingeordnet [DIN22]. Nach der klassischen DIN 8580, in der alle Gruppen von konventionellen Fertigungsverfahren berücksichtigt werden, sind sie den Hauptgruppen 5 (Fügen) oder 6 (Beschichten) zuzuordnen [DIN03]. Durch die schichtweise Herstellung unterscheiden sich AM- von konventionellen Fertigungsverfahren, in denen die Produkte durch einen Urform- und einen anschließenden Umform- oder subtraktiven Prozess hergestellt werden. Oft schließen sich weitere Prozesse wie Fügen oder Beschichten an. Eine Geometrieerzeugung durch lokalen, wiederholten Materialauftrag findet bei konventionellen Verfahren nicht statt. Charakteristisch für die additiven Fertigungsverfahren ist deshalb, dass sowohl Werkstückgeometrie als auch der Zusammenhalt des Werkstoffs gleichzeitig in einem Fertigungsschritt hergestellt werden. [ZEYN17], [WITT15]

Der Einsatz der additiven Fertigung eröffnet in vielen Anwendungsfeldern neuartige Möglichkeiten. Mit Pulverbettverfahren können beispielsweise Hohl- oder bionische Strukturen erzeugt werden, die mit konventionellen Prozessen nicht herstellbar sind. Dieser Ansatz birgt großes Potenzial für den Leichtbau und somit die Ressourcenschonung [HEEL18], [WITT15]. Die Verfahren der sog. Directed Energy Deposition (DED) ermöglichen dagegen einen gezielten Materialauftrag auf bereits vorhandene Strukturen oder Halbzeuge [TABE18], [RICH17]. Sie eignen sich unter anderem für die Herstellung von Verschleißschutzschichten, den Auftrag von Funktionselementen oder die Reparatur von Bauteilen. Dadurch kann die Lebensdauer der Produkte erhöht und der Einsatz teurer Legierungselemente für Hochleistungswerkstoffe reduziert werden. Somit leisten die DED-Verfahren einen Beitrag zur schonenden Verwendung von Ressourcen und zur Effizienzsteigerung.

Die industrielle Praxis zeigt, dass rein additive Prozessketten aufgrund der hohen Kosten additiver Fertigungsverfahren oftmals ökonomisch nicht sinnvoll sind [ZEYN17]. Vielmehr bietet die Ergänzung konventioneller Prozessketten oder der Ersatz einzelner Prozesskettenschritte durch additive Prozesse Möglichkeiten zur Effizienzsteigerung und Kostensenkung, vor allem in der Kleinserienfertigung. Dabei ist zu berücksichtigen, dass die Oberfläche additiv hergestellter Bauteile oder Elemente in der Regel eine subtraktive Nachbearbeitung erfordert [GEBH17]. Bei DED-Verfahren muss unter Umständen vor dem Materialauftrag eine Oberflächenvorbehandlung erfolgen. Diese Beispiele verdeutlichen, wie wichtig bei der Einführung additiver Fertigungsprozesse die Betrachtung solcher hybrider Prozessketten ist, um verschiedene additive und konventionelle Prozesse aufeinander abzustimmen und die Bauteilqualität sicherzustellen.

Im Folgenden werden verschiedene additive Prozesse für metallische Werkstoffe mit ihren Prozesscharakteristika und Anwendungsfeldern analysiert.

2.2.2 Additive Fertigungsprozesse für metallische Werkstoffe

Additive Manufacturing Processes for Metals

Einstufige additive Fertigungsverfahren für metallische Werkstoffe können in drei übergeordnete Kategorien eingeordnet werden. Dabei handelt es sich neben dem pulverbettbasierten Schmelzen und der Schichtlaminierung um die Verfahren der Directed Energy Deposition (Auftrag mit gerichteter Energie). [DIN22]

Pulverbettverfahren sind insbesondere für den Freiformaufbau komplexer Strukturen geeignet. Mit ihnen können beispielsweise Hohlkörper, bionische Strukturen oder Leichtbaubauteile mit Stützstrukturen im Inneren hergestellt werden. Der Schwerpunkt ist die Fertigung hochkomplexer Einzelteile [UHLM21], [HEEL18]. Bei den DED-Verfahren ist die Komplexität der erzeugbaren Strukturen geringer. Vielmehr können sie für den lokalen Materialauftrag auf Bauteilen eingesetzt werden. Die aufgetragenen Strukturen werden danach in der Regel spanend bearbeitet, um die erforderliche finale Oberflächengeometrie zu erzeugen. Dieses Vorgehen kommt vor allem bei Reparaturen oder der nachträglichen Bauteilfunktionalisierung zum Einsatz. Dazu zählen auch kleinere Designänderungen an bereits vorhanden Werkstücken. Anwendungsbereiche sind u.a. Bauteile für Energie und Mobilität und der Werkzeugbau. Für große dreidimensionale Werkzeuge, beispielsweise für die Warmumformung, bieten DED-Verfahren die Möglichkeit, oberflächennahe Kühlkanäle zu integrieren. Dadurch können die Lebensdauer der Werkzeuge erhöht und der Umformprozess verbessert werden. [KAMM21], [YAO21], [OCYL10], [VERW11], [PRAG21]

In Pulverbettverfahren erfolgt die schichtweise Fertigung auf einer Bauplatte in einem mit Pulver gefüllten Bauraum. Die Funktionsweise ist schematisch in Abbildung 2-4 dargestellt.

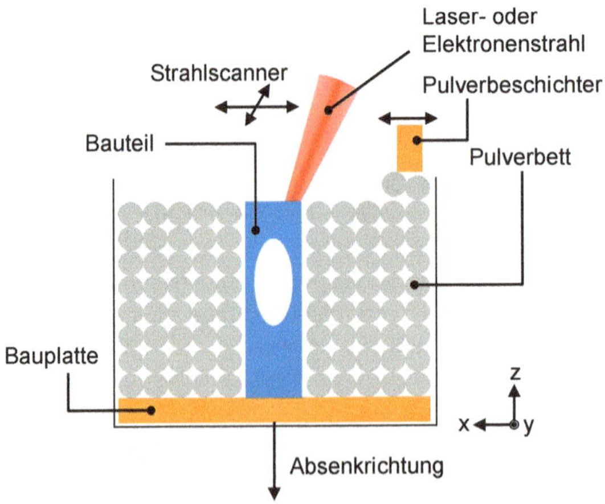

Abbildung 2-4: Schematische Darstellung pulverbettbasierter AM-Prozesse.
Schematic of powder bed-based AM processes.

In jeder Schicht werden die Pulverpartikel gemäß der vorgegebenen Geometrie miteinander verbunden. Im Anschluss wird das Pulverbett um die Dicke einer Schicht abgesenkt. Mittels eines Rakels wird eine neue Pulverschicht aufgebracht. Die Pulverpartikel der neuen Schicht werden wiederum gemäß Geometrie untereinander und mit der bereits generierten Struktur verbunden. Nach dem Fertigungsprozess muss das überschüssige Pulver entfernt werden. Das Verbinden der Partikel kann mit unterschiedlichen Methoden erfolgen. Am weitesten verbreitet ist die Verwendung eines Lasers im Laser Bowder Bed Fusion (LPBF), auch als Selective Laser Melting (SLM) bezeichnet. Für die Verbindung der Pulverpartikel werden diese durch den Laserstrahl aufgeschmolzen. Der Laserbrennfleckdurchmesser und die Partikelgröße entscheiden darüber, welche Geometriegenauigkeit erreicht wird. Durch die hohe Prozessgenauigkeit und die sehr geringe Geometrievariation von Schicht zu Schicht können Überhänge, Hohlräume und komplexe Geometrien gefertigt werden. Bei zu großen Überhängen werden sog. Stützstrukturen mitkonstruiert und im Prozess mit dem Bauteil hergestellt. Diese müssen nach der LPBF-Fertigung mechanisch entfernt werden, um die eigentliche Bauteilkontur zu erhalten. Analog zum LPBF erfolgt beim Electron Beam Melting (EBM) ein Aufschmelzen der Pulverpartikel durch einen fokussierten Elektronenstrahl.

Mit den Pulverbettverfahren LPBF und EBM werden für Werkstoffe auf Eisen-, Nickel-, Titan- oder Aluminiumbasis typischerweise Aufbauraten zwischen 0,1 und 0,5 kg/h erreicht [UHLM21], [BUCH11], [CHOU15], [FRAU21]. Prozessseitig besteht der größte Unterschied darin, dass der Aufbau im LPBF unter Schutzgasatmosphäre (z.B. Argon oder Stickstoff) erfolgt, während in elektronenstrahlbasierten Verfahren zwingend ein Vakuum erforderlich ist [HIGA21], [GALA21]. Deshalb ist die Anlagentechnik für EBM-Prozesse im Vergleich herausfordernder und es sind längere Rüstzeiten einzuplanen, da zunächst ein ausreichendes Vakuum erzeugt werden muss. Gleichzeitig ermöglichen Vakuum-Prozesse die Herstellung von Werkstoffen höchster Reinheit, denn die Reaktion des verarbeiteten Werkstoffs mit Sauerstoff oder anderen Gasen wird unterbunden [FERN21], [DORO21].

Eine weitere Variante der Pulverbettverfahren ist das sog. Binder Jetting. Im Gegensatz zu LPBF und EBM wird hier das Pulver nicht direkt unter Energiezufuhr aufgeschmolzen. Stattdessen wird zunächst durch schichtweisen und geometrisch vorgegebenen Auftrag von Bindemittel ein Grünköper erzeugt. Zwischen den Bindemittelaufträgen wird wie beim LPBF und EBM das Pulverbett abgesenkt und neues Pulver aufgetragen. Nach der Entfernung des überschüssigen Pulvers muss der Grünkörper gesintert werden, um eine metallurgische Verbindung zwischen den einzelnen Partikeln herzustellen und die benötigte Festigkeit zu erreichen. Dies geschieht in einem zweiten Verfahrensschritt in einem geeigneten Ofen oder alternativ in einer Anlage für heißisostatisches Pressen (HIP), bei der der Grünköper unter gleichzeitiger Temperatur- und Druckbeaufschlagung gesintert wird. Zu beachten ist beim Sintern oder dem HIP der teilweise auftretende Volumenverlust durch Schrumpfung, die durch Verdampfen des Bindemittels und die Interdiffusion der Pulverpartikel zustande kommt. Die Beurteilung der Aufbaurate im Binder Jetting im Vergleich zu den zuvor genannten Pulverbettverfahren ist nicht ohne Weiteres möglich. Die Applikation des

Bindemittels kann zwar mit hohen Geschwindigkeiten erfolgen. Die Dauer des folgenden Sinterprozesses beträgt aber oft mehrere Stunden und variiert je nach Bauteilgröße stark. [CRAM19], [TANC21], [MOST21]

Im Gegensatz zu den Pulverbettverfahren erfolgt bei der Directed Energy Deposition eine kontinuierliche lokale Zuführung des pulver- oder drahtförmigen Zusatzwerkstoffes, wie Abbildung 2-5 schematisch zeigt.

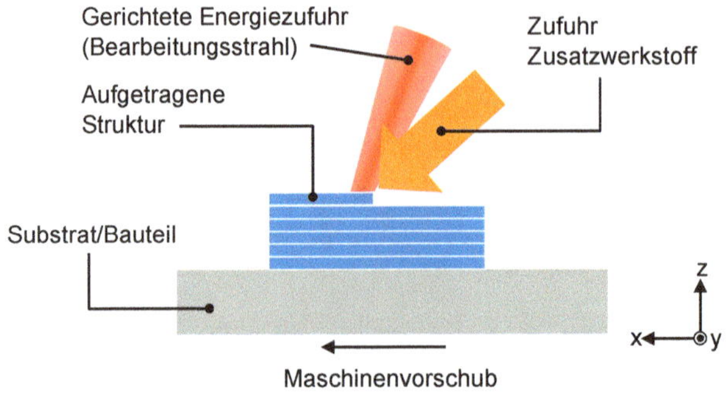

Abbildung 2-5: Schematische Darstellung von DED-Prozessen.
Schematic of DED processes.

Das Pulver oder der Draht werden über eine Düse dem durch den Bearbeitungsstrahl erzeugten Schmelzbad zugeführt. Durch eine Relativbewegung zwischen Bearbeitungskopf und dem Werkstück entsteht eine Schweißraupe. Werkstoffvolumina werden durch die geometrische Anordnung von Schweißraupen neben- und übereinander aufgebaut. Die für das Aufschmelzen von Zusatzwerkstoff und Substrat benötigte thermische Energie kann durch unterschiedliche Quellen bereitgestellt werden. Am weitesten verbreitet sind ein Elektronenstrahl (Electron Beam-AM, EBAM), ein elektrischer Lichtbogen (Wire Arc Additive Manufacturing, WAAM) und ein Laserstrahl (Laser Metal Deposition, LMD). Der Laserstrahl bietet im Vergleich zum Lichtbogen den Vorteil eines deutlich besser einstellbaren und nur sehr kleinen Wärmeeintrags. Dieser erfolgt sehr lokal und mit einer geringen Eindringtiefe. Die thermische Beeinflussung des Werkstücks ist somit gering. Allerdings können mit WAAM deutlich höhere Auftragraten von etwa 10 kg/h erreicht werden [MART19], [TABE18]. Das ist ein Vielfaches der im LMD erreichbaren Raten von 1-2 kg/h [SCHO16], [BAMB18]. LMD wiederum bietet deutlich höhere geometrische Genauigkeit. Der Aufwand der subtraktiven Nachbearbeitung ist vergleichswiese gering. Das EBAM bietet nach aktuellem Stand der Technik die höchsten Auftragraten bei ähnlich hoher Genauigkeit wie LMD. In der Literatur werden Auftragraten zwischen 5 und 20 kg/h genannt. Allerdings muss der Prozess aufgrund des Elektronenstrahls im Vakuum durchgeführt werden, was sowohl die mögliche Bauteilgrößen einschränkt als auch die Anlagenkomplexität erheblich erhöht. Im EBAM ist nur die Verarbeitung von drahtförmigen Zusatzwerkstoffen möglich, da das Vakuum den Einsatz des für den Pulvertransport nötigen Transportgases nicht erlaubt. [FUCH18], [PIXN20], [SCIA21]

Im LMD können sowohl Draht (wire-based LMD, LMD-w) als auch Pulver (powder-based LMD, LMD-p) als Zusatzwerkstoff eingesetzt werden. Die Zusatzwerkstoffe unterscheiden sich vor allem hinsichtlich der Materialeffizienz des Prozesses und ihrer Handhabbarkeit. Die Materialeffizienz des Prozesses gibt an, welcher prozentuale Anteil des dem Prozess zugeführten Werkstoffs für den Auftrag verwendet wird. Bei Drahtprozessen liegt diese bei nahezu 100 %. Bei Pulverprozessen dagegen werden immer einige Pulverpartikel abgelenkt; die maximale Materialeffizienz liegt in aktuellen Studien meist zwischen 70 und 90 % [BERN20], [KITT20], [RAMI18], [KOIK18]. Die durch diesen sog. Overspray nicht verschweißten Partikel setzen sich auf dem Bauteil oder im Bauraum ab und heften dort an. Dies kann eine Wiederaufbereitung der betroffenen Bauteilbereiche erforderlich machen und zudem Instandhaltungsaufwand und Verschleiß an den Anlagen erhöhen. Zusätzlich können die lungengängigen Pulverpartikel bei Menschen zu Gesundheitsschäden führen [KAIE12]. Bei der Arbeit mit Pulver sind deshalb besondere Schutzmaßnahmen notwendig. Aufgrund dieser Aspekte und des höheren Preises von Pulver im Vergleich zu Draht sind Pulverprozesse bei sonst gleichen Bedingungen kostenintensiver als Drahtprozesse.

Die Oberflächenrauheit ist beim direkten Vergleich von mit LMD-p und LMD-w hergestellten Schweißraupen für LMD-w geringer. Die Oberflächenbeschaffenheit ist glatter und homogener. Die Schweißraupen besitzen eine leicht glänzende Oberfläche. Die geringere Oberflächenqualität beim LMD-p liegt in der Art des Zusatzwerkstoffs und seiner Zuführung begründet. Während im LMD-w der Zusatzwerkstoff als Ganzes kontinuierlich zugeführt und aufgeschmolzen wird, gelangen die Pulverpartikel im LMD-p einzeln durch den Gasstrom in das Schmelzbad. Die Schmelzbaddynamik wird auf Mikroebene durch die Einschläge der einzelnen Pulverpartikel beeinflusst. Dadurch wird eine weniger homogene Schmelzbadoberfläche ausgebildet. Der Effekt wird dadurch verstärkt, dass einige Pulverpartikel auf der Schmelzbadoberfläche anhaften, aber nicht vollständig aufgeschmolzen werden. Zudem ist die Porosität von LMD-p-Bauteilen in der Regel höher. [SYED05], [HEIG16], [BRUE17], [BAMB18]

Die Herausforderung von LMD-w-Prozessen liegt in der geringeren Prozessstabilität, die insbesondere bei einer Drahtzuführung lateral zum Laserstrahl auftritt. Aufgrund dessen werden heute in der Industrie trotz der bestehenden Defizite vornehmlich Pulverprozesse eingesetzt. Die Problematik der Prozessstabilität wird in Kapitel 2.3.2 analysiert. Ein gänzlich neues Konzept der Draht- und Prozessführung bietet das Verfahren Express Wire Coil Cladding (EW2C). Hier wird der Draht dem Prozess nicht kontinuierlich zugeführt, sondern zu einer Feder gewunden und auf einer Welle vorplatziert. Im Anschluss werden mit einem großen Laserbrennfleck mehrere Drahtsegmente gleichzeitig verschweißt und mit der Welle verbunden. Durch die Entkopplung von Drahtzufuhr und Schweißprozess wird eine bessere Skalierbarkeit erreicht und Auftragraten von 2-3 kg/h für Eisen- und Nickelbasislegierungen sind aktuell möglich. Durch die Beschränkung auf Rundbauteile ist EW2C allerdings keine allgemeine Alternative zum konventionellen LMD-w und befindet sich zurzeit noch auf vorindustriellen Entwicklungsstand. [GIPP22]

Tabelle 2-1 fasst die Eigenschaften der beschriebenen DED-Prozesse qualitativ und quantitativ zusammen.

Tabelle 2-1: Quantitativer und qualitativer Vergleich unterschiedlicher DED-Verfahren.
Quantitative and qualitative comparison of different DED processes.

DED-Verfahren	Auftrag-rate	Material-effizienz	Genauig-keit	Wärme-einfluss	Kosten Zusatz-werk-stoff	Komplexität Prozess-system	Prozess-stabilität
EBAM (Draht)	5-20 kg/h	hoch	hoch	gering	gering	hoch (Vakuum)	hoch
EW2C (Draht)	2-3 kg/h	hoch	mittel	gering	gering	mittel	hoch
LMD-p (Pulver)	1-2 kg/h	mittel	hoch	gering	hoch	mittel	hoch
LMD-w (Draht)	1 kg/h	hoch	hoch	gering	gering	mittel	gering
WAAM (Draht)	9-10 kg/h	hoch	gering	hoch	gering	gering	hoch

Anhand der genannten Prozesse und Beispiele wird deutlich, dass bei additiven Fertigungsverfahren ebenso wie bei konventionellen Verfahren eine große Bandbreite hinsichtlich der Funktionsweise und verschiedener Anwendungen besteht. Zusammenfassend ist zur Auswahl des geeignetsten additiven Verfahrens produktspezifisch eine Abwägung zwischen geometrischer Genauigkeit, der Größe des Wärmeeintrags und der Aufbaurate notwendig.

Die bisher erfolgten Ausführungen dienen einem Vergleich des drahtbasierten Laserauftragschweißens mit anderen AM-Verfahren und seiner Einordnung in einen globalen fertigungstechnischen Kontext. Im Folgenden wird ausschließlich das drahtbasierte Laserauftragschweißen weitergehend betrachtet.

2.3 Drahtbasiertes Laserauftragschweißen (LMD-w)

Wire-Based Laser Metal Deposition

In diesem Teilkapitel wird das drahtbasierte Laserauftragschweißen analysiert, wobei die Analyse der Prozesseinflussgrößen, deren Zusammenspiel und ihre Wirkung auf den Gesamtprozess im Vordergrund stehen. Ausgehend davon wird der Bedarf von Konzepten zur Prozessstabilisierung abgeleitet.

2.3.1 Funktionsweise

Principle

Das drahtbasierte Laserauftragschweißen gehört zu den in Kapitel 2.2.2 beschriebenen DED-Verfahren. Durch einen Laserstrahl wird auf einem Substrat oder einer bereits additiv erzeugten Geometrie ein lokal begrenztes Schmelzbad erzeugt, dem Draht mithilfe einer auf die Prozesszone ausgerichteten Düse als Schweißzusatzwerkstoff zugeführt wird (siehe Abbildung 2-6).

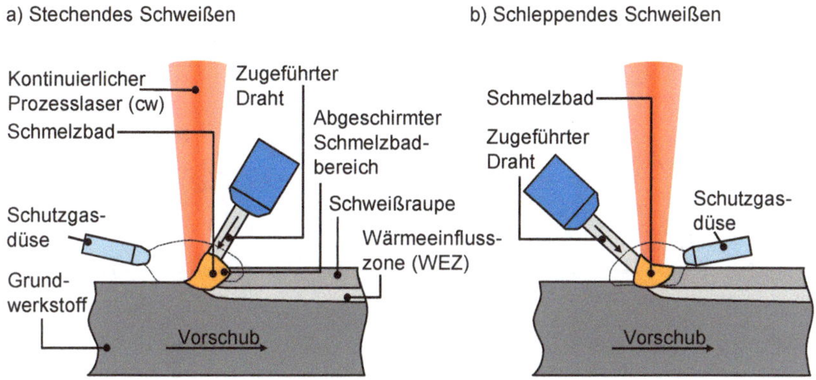

Abbildung 2-6: Schematische Darstellung des drahtbasierten lateralen Laserauftragschweißens: a) stechende Konfiguration, b) schleppende Konfiguration. In Anlehnung an [KLOC07].

Schematic of the wire-based lateral LMD process: a) pushing configuration, b) pulling configuration. Based on [KLOC07].

Der Draht wird ebenfalls aufgeschmolzen. Die Schmelzen von Substrat und Drahtwerkstoff vermischen sich; es kommt zur Ausbildung einer metallurgischen Verbindung. Durch eine Relativbewegung zwischen Draht und Laserstrahl auf der einen und dem Substrat auf der anderen Seite entsteht unter weiterer kontinuierlicher Drahtzuführung eine Schweißraupe. Wie Abbildung 2-6 zeigt, existieren für die laterale Drahtzuführung zwei verschiedene Hauptprozesskonfigurationen, zwischen denen in Abhängigkeit des geometrischen Verhältnisses zwischen Draht- und Maschinenvorschub unterschieden wird. Beim stechenden Schweißen (Abbildung 2-6 a)) weisen Draht- und Maschinenvorschub in die entgegensetzte Richtung, beim schleppenden Schweißen sind sie gleichgerichtet (Abbildung 2-6 b)). Daneben sind Mischformen aus beiden Konfigurationen möglich, bei denen ein Winkel von 0 bis 180° zwischen Draht- und Maschinenvorschubrichtung vorliegt. Üblicherweise wird bei LMD-w-Prozessen durch eine Düse lokal Schutzgas (beispielsweise Argon oder Stickstoff) zugeführt, um eine Oxidation der verwendeten Werkstoffe während der Verarbeitung zu vermeiden. Besonders bei den vorherrschenden hohen Temperaturen – bei vielen relevanten Werkstoffen beträgt die Schmelztemperatur mehr als 1000 °C – neigen nahezu alle Werkstoffklassen zu verstärkter Oxidation. Bei einigen sauerstoffaffinen Werkstoffen (z. B. Aluminium) ist die Schutzgasatmosphäre sogar Voraussetzung für die Ausbildung einer metallurgischen Verbindung zwischen Zusatzwerkstoff und Substrat. [KLOC07], [BARG08]

Die Schweißraupe hat einen charakteristischen Querschnitt, der aus drei Bereichen besteht. Abbildung 2-7 zeigt die Zusammenhänge beispielhaft für eine mit LMD-w aufgetragene Schweißraupe aus dem Werkzeugstahl QuFe13 auf dem Baustahl 1.0570 (chemische Zusammensetzung siehe Kapitel 4.1). Die in Kapitel 5 und 6 relevanten geometrischen Beziehungen sind angegeben.

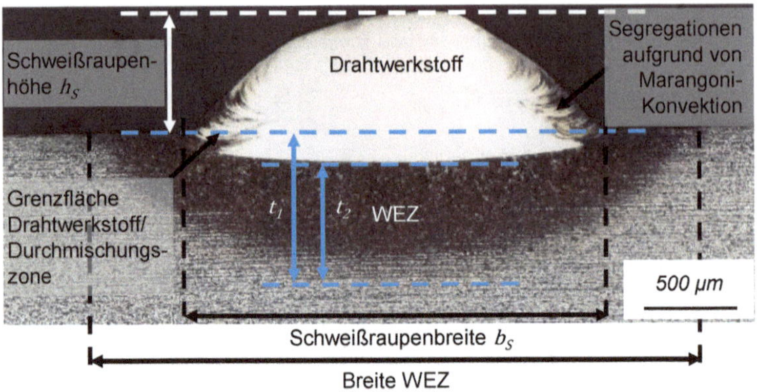

Abbildung 2-7: Charakteristische Bereiche einer LMD-w-Schweißraupe im Querschnitt.
Characteristic cross-sectional areas in an LMD-w welding bead.

Oben befindet sich der aufgetragene Zusatzwerkstoff. Der Abstand zwischen dem höchsten Punkt des aufgetragenen Werkstoffs und der Substratoberfläche wird als Schweißraupenhöhe h_S definiert. Die Schweißraupenbreite b_s ist die Strecke zwischen den Schnittpunkten der Schweißraupenkontur und dem Grundwerkstoff. Unter dem Zusatzwerkstoff liegt die Durchmischungszone, in der ein Gemisch aus Draht- und Substratwerkstoff vorliegt. Der Übergang zwischen reinem Drahtwerkstoff und der Durchmischungszone ist oftmals nicht klar definiert. Vielmehr besteht ein Konzentrationsgradient, der mittels chemischer Analyse oder lichtmikroskopischer Aufnahmen dank der dabei auftretenden unterschiedlichen Ätzfarben visualisiert werden kann. Die Durchmischungszone ist umgeben von der Wärmeeinflusszone (WEZ). In der WEZ liegt ausschließlich Substratwerkstoff vor, dessen Gefüge allerdings durch die thermische Einwirkung des Laserstrahls modifiziert wurde. Je nach Werkstoff und Stärke der Veränderung können die Eigenschaften der WEZ für eine spätere Anwendung kritisch sein. Die Tiefe der Wärmeeinflusszone kann entweder von der Grundwerkstoffoberfläche (t_1) oder der Grenze zur Durchmischungszone (t_2) gemessen werden. Insgesamt hängen die Form und Größe der drei genannten Bereiche (Drahtwerkstoff, Durchmischungszone, WEZ) von den verwendeten Prozessparametern ab. Ihre Einstellung muss anwendungsoptimiert erfolgen. [SCHU03], [KLOC07], [BARG08]

Zur Bewertung und zum Vergleich unterschiedlicher LMD-w-Prozesse werden verschiedene Größen und Verhältnisse verwendet. Ein wichtiger Wert ist das Verhältnis der Draht- (v_D) zur Maschinenvorschubgeschwindigkeit (v_M), das in dieser Arbeit als ρ_D bezeichnet wird. Es gibt an, welche Drahtlänge dem Prozess bei einer bestimmten zurückgelegten Vorschublänge zugeführt wird.

Darüber hinaus besitzen der Strecken- und der Volumenenergieeintrag eine große Aussagekraft bei der Bewertung von Prozessen. Der Streckenenergieeintrag E_N ist der Quotient aus Laserleistung P_L und Maschinenvorschubgeschwindigkeit und beschreibt, wie viel Energie pro Wegstrecke während des Prozesses in das Werkstück eingebracht wird. Der Volumenenergieeintrag E_V ist analog ein Maß dafür, wie viel Energie pro aufgetragenem Drahtvolumen eingebracht wird. Im Gegensatz zu E_N besteht hier also insbesondere eine Abhängigkeit von der Drahtvorschubgeschwindigkeit.

Für das LMD-w existieren zwei verschiedene Konzepte zur Drahtzuführung. Diese unterscheiden sich hinsichtlich der erforderlichen Systemtechnik sowie der Eigenschaften des Auftragschweißprozesses. Bei der oben gezeigten lateralen Drahtzuführung (Abbildung 2-6) kann eine vergleichsweise einfache Laserstrahlführung verwendet werden. Der Strahl muss nicht geteilt werden, sondern kann durch das optische System direkt auf den Bearbeitungspunkt fokussiert werden, dem der Draht seitlich zugeführt wird. Verschiedene Brennfleckgrößen und Intensitätsverteilungen sind je nach System flexibel einstellbar (z.B. [LASE22]). Bei der koaxialen Drahtzuführung ist dagegen ein optisches System erforderlich, das eine konzentrische Führung des Laserlichtes um den Draht ermöglicht [BRUE17], [MOTT18], [SILZ20]. Erst im Bearbeitungspunkt wird das Licht in einem Punkt fokussiert, dessen Zentrum mit der Drahtachse übereinstimmt. Die Kosten eines entsprechenden Bearbeitungskopfes sind höher als bei der lateralen Drahtzuführung. Allerdings kann die koaxiale Drahtzuführung bei der Prozessführung Vorteile bieten. Dadurch, dass Laserstrahl und Draht senkrecht auf der Werkstückoberfläche stehen, entsteht keine Richtungsabhängigkeit des Prozesses bei Änderung der Bewegungsrichtung in der Ebene. Wird der Draht lateral zugeführt, findet insbesondere beim Aufbau von dreidimensionalen Geometrien ein Wechsel zwischen stechendem und schleppendem Schweißen bzw. eine Kombination aus beiden statt. Die Prozesseinrichtung und die geometrische Positionierung des Drahtes im Laserbrennfleck sind erheblich aufwändiger, wenn trotz der lateralen Zuführung in alle Bearbeitungsrichtungen ein konstantes Bearbeitungsergebnis erzielt werden soll. Diese Problematik wird in Kapitel 2.3.2 detaillierter beschrieben. Es wird festgehalten, dass bei der Auswahl des Drahtzuführungskonzeptes ein Konflikt zwischen Kosten bzw. Prozesskopfkomplexität und prozesstechnischen Vorteilen besteht.

In der Vergangenheit wurde der drahtbasierte Laserauftragschweißprozess bereits in unterschiedlichsten Studien untersucht, deren Schwerpunkte sich unterscheiden. Die Themenfelder können in drei große Teilbereiche zusammengefasst werden. Die Arbeiten des ersten Themenfeldes befassen sich mit der allgemeinen Prozessanalyse und untersuchen die Prozesseingangs- und Prozessausgangsgrößen sowie die zwischen ihnen bestehenden Ursache-Wirkungs-Zusammenhänge [GHAR14], [AHN16], [ZHON17], [FROE18], [HEIL18], [MOTT18], [PETR18], [WIRT18], [MAZZ19], [PRAG21]. Zu diesem Themenbereich gehören weiterhin hardwareseitige Optimierungslösungen wie die Untersuchung und Verbesserung von Drahtfördersystemen [KLIN19]. Der zweite Themenkomplex umfasst werkstofftechnische Arbeiten. Dabei geht es um die Verarbeitbarkeit unterschiedlicher Werkstoffklassen mit LMD-w sowie die Einstellbarkeit von Gefügen und Eigenschaften [BAUF11], [ZHAN13], [WEN15], [ÅKER16], [OLIA17], [EO18], [SUN18], [YI19], [FROE20]. Im dritten Bereich stehen Untersuchungen zu Prozessmonitoringsystemen und die Prozessdigitalisierung im Vordergrund. Hier wurde erforscht, wie die Prozessergebnisse durch den Einsatz von Sensor- und Regelungstechnik verbessert werden können [HERA12], [DONA18]. Computergestützte Simulationen und Software, die zur Prozessauslegung eingesetzt wird, bilden Querschnittsthemen über alle Bereiche [IBAR11], [MORV12], [CHOU20]. Arbeiten, in denen Möglichkeiten zur Steigerung der Zuverlässigkeit von LMD-Prozessen untersucht wurden, werden in Kapitel 2.3.3 analysiert.

2.3.2 Schmelzbaddynamik und Draht-Schmelzbad-Interaktion

Melt Pool Dynamics and Wire-Melt Pool Interaction

Der Prozessverlauf und das Bearbeitungsergebnis von Laserauftragschweißprozessen hängen in erheblichem Maße von dem Verhalten des lokal auf dem Werkstück erzeugten Schmelzbades ab. Nur wenn eine Verbindung der Schmelzbäder von Substrat und Zusatzwerkstoff durch Mischung und Benetzung hergestellt und der Zusatzwerkstoff dem Schmelzbad kontinuierlich zugeführt wird, kommt ein fehlerfreier Prozess zustande. Das dynamische Verhalten der Schmelze steht in direktem Zusammenhang mit der ausgebildeten Schweißraupengeometrie. Instabiles dynamisches Verhalten führt zum Beispiel zu Porosität in der erstarrten Schweißraupe oder zu unzulässigen Abweichungen der Oberflächengeometrie [KLIN19]. Auf das Schmelzbad wirken verschiedene Kräfte und Einflussgrößen (s.u.) ein, deren Interaktion die Größe und Form des Schmelzbades bestimmen. In verschiedenen experimentellen und simulativen Studien wurden die Wirkungen der unterschiedlichen Faktoren untersucht und Beschreibungsmodelle entwickelt.

Aufgrund der komplexen Zusammenhänge dient als grundlegendes Modell zumeist ein Werkstück, auf dem mithilfe eines sich parallel zur Oberfläche bewegenden Laserbrennflecks ein Schmelzbad erzeugt wird. Dies entspricht, wenn es nur oberflächennah zum Aufschmelzen des Werkstoffs kommt, einem Wärmeleitungsschweißprozess. Der Wärmetransport von der Oberfläche ins Material erfolgt konduktiv; das Schmelzbad ist flach [CZER05], [NOOR21]. Zusatzwerkstoff wird in dieser grundlegenden Betrachtung nicht berücksichtigt. Die Geometrie des Schmelzbades in der Werkstückebene hängt von der eingebrachten Laserleistung, der Intensitätsverteilung im Brennfleck, der Vorschubgeschwindigkeit sowie den thermischen Randbedingen ab. Zu letzteren zählen zum einen die Wärmeleitfähigkeit des betrachteten Werkstoffs und zum anderen äußere Gegebenheiten wie die Umgebungstemperatur und Wärmeverluste durch Abstrahlung und Konvektion.

Die wichtigsten auf das Schmelzbad wirkenden Kräfte sind die Gewichtskraft, aus der Oberflächenspannung zwischen Schmelzbad und der Umgebungsatmosphäre resultierende Kräfte, Auftriebskräfte und Scherkräfte, die mit der Marangoni-Konvektion im Zusammenhang stehen [PINK04], [GHAR13], [ARRI17], [LANG18], [GUO20]. Während die Gewichtskraft grundsätzlich in Richtung der Gravitation wirkt und das Schmelzbad somit nach unten zieht, kann durch die werkstoffabhängige Oberflächenspannung das Schmelzbad nach oben gewölbt werden. Die Stärke der Wölbung hängt von dem Benetzungswinkel zwischen Feststoff und Schmelze ab. Die Auftriebskräfte treten aufgrund der unterschiedlichen Dichten der verschiedenen Gefügebestandteile nach dem Schmelzvorgang auf und wirken vertikal auf das Schmelzbad. Die Marangoni-Konvektion ist eine Folge des Temperaturgradienten, der vom Laserfokus nach außen abfällt. Da die

Oberflächenspannung temperaturabhängig ist, folgt ein oberflächennaher Massefluss, um die Differenzen auszugleichen. Je nach chemischer Zusammensetzung des Schmelzbades führt dieser Massefluss zur Ausbildung eines Konzentrationsgradienten an der Schweißraupenoberfläche. Dies ist beispielhaft in Abbildung 2-7 erkennbar (dunkle Bereiche an den Schweißraupenflanken).

Neben den genannten Einflussgrößen haben die Geschwindigkeit des zugeführten Schutzgasstromes und seine Richtung einen erheblichen Einfluss [ZHAN20], [ROBE21]. Zusätzlich kann die Schmelzbadform durch verdampfungsinduzierte Drücke beeinflusst werden. Dies ist zum Beispiel beim Lasertiefschweißen der Fall, wo durch die hohe Laserintensität, die für ein Durchschweißen erforderlich ist, ein Teil des Materials verdampft. Es entsteht eine Dampfkapillare, die beim Aufsteigen die Schmelze verdrängt und einen tief in das Werkstück reichenden, länglichen Hohlraum im Schmelzbad erzeugt. Dieser ist nach oben geöffnet und wird in Fachsprache meist mit dem englischen Begriff „Keyhole" bezeichnet. Innerhalb des Keyholes stabilisiert der Dampf die schmelzflüssigen Wände um den Laserstrahl. Der Dampf verbessert die Absorption für den einfallenden Laserstrahl. Die durch das Schmelzbad reflektierte Laserstrahlung verbleibt durch die steilen Wände nahezu vollständig im Keyhole. Aufgrund der Gewichts- und Oberflächenkräfte neigt das Keyhole dazu, in sich zusammenzufallen, was unter anderem nach dem Ausschalten des Laserstrahls passiert. Während des Prozesses wird ein Schmelztropfen, der zu weit in das Keyhole-Innere gelangt, allerdings aufgrund der hohen Laserintensität sofort verdampft. Durch den entstehenden Druck wird das Keyhole wieder stabilisiert und es bildet sich eine statische Grenzfläche zwischen Schmelze und verdampftem Werkstoff. Dieses schmelzbaddynamische Phänomen ist bereits sehr gut erforscht und wird in unterschiedlichen Quellen beschrieben [SEMA95], [HAUG13], [SCHM20], [ROBE21]. Aufgrund der langjährigen Erforschung laserbasierter Fügeverfahren werden Tiefschweißprozesse bereits modelliert und numerische Simulationen des Prozessverlaufes auf Grundlage der vorherrschenden Schmelzbaddynamik durchgeführt [ZHAN20], [ARTI18].

Im Hinblick auf laserbasierte additive Fertigungsverfahren wie LMD ist der Kenntnisstand zum Schmelzbadverhalten sowohl von experimenteller als auch von simulativer Seite im Vergleich zu Fügeverfahren deutlich geringer ausgeprägt und es gibt vergleichsweise wenige Publikationen. Dies liegt zum einen darin begründet, dass die Prozess- bzw. Modellkomplexität durch das Hinzuführen eines Zusatzwerkstoffs deutlich erhöht wird. Neben der Laser-Substrat-Interaktion muss zusätzlich die Interaktion mit dem Zusatzwerkstoff und der Zuführprozess selbst berücksichtigt werden. Zum anderen ändern sich die Bedingungen signifikant, wenn nicht auf ein wie beim Tiefschweißen übliches ebenes Substrat aufgebaut wird. Im Folgenden wird die Literatur zur Modellierung von LMD-Prozessen zusammengefasst.

Die vorhandenen Erkenntnisse zum Schmelzbadverhalten in den einfacheren Fällen einer bewegten Laserquelle über einem Substrat sowie von Schweißprozessen können in einem ersten Schritt auf pulverbasierte Laserauftragschweißprozesse übertragen werden. Die Modellierung von LMD-p-Prozessen stand in den letzten Jahren im Fokus einiger Forschungsgruppen, sodass sich die Anzahl der Veröffentlichungen erhöht hat [PINK15]. Durch die Pulverzufuhr wird dem Laserstrahl und dem Schmelzbad Energie entzogen, da nun nicht mehr nur der Grund-, sondern auch der Zusatzwerkstoff aufgeschmolzen werden muss [OCYL14], [ARRI17], [MEDI20]. Der Pulverstrom, der sich aus dem Pulver und dem Transportgas zusammensetzt, wirkt sich beim Auftreffen auf das Schmelzbad zusätzlich auf dessen Form aus. Essenziell für die Beschreibung der Schmelzbaddynamik im LMD-p ist, dass es keinen Kontaktpunkt zwischen dem Schmelzbad und einem externen Festkörper gibt. Stattdessen sind das Auftreffen einzelner Pulverpartikel auf das Schmelzbad und ihr Aufschmelzen in der Prozessbeschreibung zu berücksichtigen [PINK04], [PINK15], [ARRI17].

Pinkerton et al. stellen in ihrem Review-Paper unterschiedliche Modellierungsansätze für LMD-p-Prozesse zusammen [PINK15]. Arrizubieta et al. [ARRI17] leiteten ein Modell für die numerische Beschreibung des LMD-p-Prozesses her und untersuchten, in welchem Maße eine Berücksichtigung der Schmelzbaddynamik bei der Simulation des Prozesses relevant ist. Sie identifizierten Wertebereiche, in denen die Schmelzbaddynamik bei der Prozesssimulation eine untergeordnete Rolle spielt und vernachlässigt werden kann. Dies ist maßgeblich dann der Fall, wenn die Masse des flüssigen Werkstoffs durch geringe Laserleistung oder eine hohe Translationsgeschwindigkeit klein ist. Aufgrund der Forschungsarbeiten der letzten Jahre ist es inzwischen möglich, LMD-p-Prozesse umfassend zu beschreiben, zu modellieren und Bearbeitungsergebnisse vorherzusagen.

Die Beschreibung und Modellierung drahtbasierter LMD-Prozesse sind noch auf einem deutlich geringeren technischen Stand. Da der noch feste Draht in das flüssige Schmelzbad eintaucht, bestehen komplexere Zusammenhänge. Zwischen Festkörper und Schmelzbad liegt je nach chemischer Zusammensetzung des Werkstoffs ein teigig-viskoser Übergangsbereich vor, in dem Teile des Gefüges bereits flüssig sind und andere noch fest. Zusätzlich entsteht in diesem Bereich durch das Zusammenwirken unterschiedlicher Oberflächenspannungen eine Einschnürung des Schmelzbades [KLIN19]. Der Übergangsbereich ist somit fragil und stellt eine Schwachstelle für den Prozess dar. Gleichzeitig ist der konstante Kontakt zwischen Draht und Schmelzbad Voraussetzung für einen fehlerfreien Auftragschweißprozess. Aus diesen Gründen sind LMD-w-Prozesse bisher nur unzureichend beschrieben. Neueste Veröffentlichungen beschreiben zwar thermomechanische Zusammenhänge [BOCK21]. Arbeiten zur Schmelzbaddynamik beim LMD-w bzw. zu deren Simulation sind allerdings nach aktuellem Kenntnisstand nicht existent bzw. Stand der Forschung und noch nicht publiziert.

Im Falle einer lateralen Zuführung des Drahtes ist es notwendig, den Auftreffpunkt des Drahtes im Brennfleck auf dem Substrat und den entstehenden Winkel zwischen Draht und Laserstrahl so zu wählen, dass der Draht fehlerfrei abschmilzt und eine über den Prozess kontinuierliche Verbindung zwischen Draht- und Substratschmelze entsteht. Die geometrischen Zusammenhänge sind in Abbildung 2-8 schematisch verdeutlicht. Ähnliche Darstellungen finden sich unter anderem in [TAKU20]. Ragt der Draht zu weit in den Brennfleck hinein, schmilzt er in Abhängigkeit von dem vorliegenden Zuführwinkel schon über dem Bearbeitungspunkt ab. Dies führt üblicherweise zur Tropfenbildung und zum diskontinuierlichen Abtropfen des Drahtes; die Verbindung zwischen Draht und Schmelzbad auf dem Substrat wird nicht hergestellt. Das Tropfen verursacht eine inhomogene Schweißnahtgeometrie, da der Zusatzwerkstoff unregelmäßig aufgetragen wird. Befindet sich der Auftreffpunkt des Drahtes dagegen zu weit außerhalb des Brennfleckmittelpunktes, wird der Drahtwerkstoff nicht vollständig aufgeschmolzen. In diesem Fall kommt es zu Bindefehlern oder zum Kratzen des Drahtes durch das Schmelzbad. Diese charakteristischen Schweißraupentypen sind beispielsweise in [ABIO13] beschrieben.

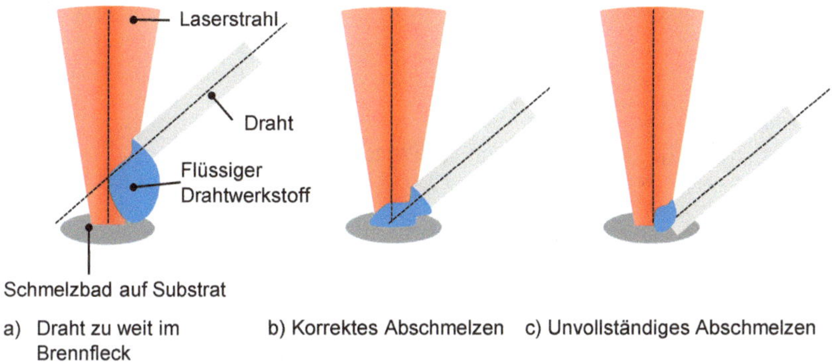

Abbildung 2-8: Schematische Darstellung des Drahtabschmelzverhaltens beim Laserauftragschweißen mit lateraler Drahtzuführung.
Schematic of the wire melting behavior in Laser Metal Deposition with lateral wire feed.

Analog zur geometrisch unzureichenden Positionierung wird ein Abschmelzen des Drahtes in zu großer Höhe oder ein unvollständiges Aufschmelzen durch eine zu große bzw. zu kleine Laserleistung hervorgerufen.

Die u.a. aus der Positionierung resultierende Stabilität der Draht-Schmelzbad-Interaktion ist Voraussetzung für einen zuverlässigen Schweiß- und Auftragprozess. Gleichzeitig wird bei der geometrischen Analyse des Prozesses ersichtlich, dass die Interaktion im Falle der lateralen Drahtzuführung je nach Vorschubrichtung grundsätzlich verändert wird. Daraus folgt ein unterschiedliches Abschmelzverhalten in Abhängigkeit von der Prozesskonfiguration (stechend, schleppend oder eine Drahtzuführung seitlich zur Schweißraupe).

Wie Abbildung 2-6 a) schematisch zeigt, wird im stechenden Schweißprozess ein Teil des Schmelzbades gegenüber dem Laser durch den in das Schmelzbad eintauchenden Draht abgeschirmt. Der Laser wechselwirkt mit dem Material vor der Schweißraupe und dem Draht. Im schleppenden Schweißprozess (Abbildung 2-6 b)) befindet sich die Laser-Material-Wechselwirkungszone dagegen zwischen Draht und Schweißraupe. Zusätzlich besteht, wie oben erwähnt, die Möglichkeit einer seitlichen Drahtzuführung, bei der der Draht in einem Winkel zwischen 0° und 180° zur Vorschubrichtung zugeführt wird. Dies erzeugt weitere Spezialfälle der Interaktion.

Unter Umständen ist deshalb die Prozessstabilität bei der lateralen Drahtzuführung stark richtungsabhängig und Vorschubrichtungswechsel während des Prozesses können zu dessen Abbruch führen. Zusätzlich entsteht eine Prozessanisotropie. Das heißt, dass selbst im Falle eines lateralen LMD-w-Prozesses, der richtungsunabhängig stabil verläuft, durch die jeweilige Draht-

Schmelzbad-Interaktion unterschiedliche Schmelzbad- und Schweißraupengeometrien erzeugt werden. Dies führt beim Aufbau von dreidimensionalen Strukturen zu Schwierigkeiten, die durch eine geometrieangepasste Prozessführung ausgeglichen werden müssen.

Da die laterale Drahtzuführung aufgrund der dargelegten Komplexität und Fragilität der Draht-Schmelzbad-Interaktion ein vergleichsweise hohes Risiko für Prozessfehler birgt, wurden bereits unterschiedliche Ansätze zur Stabilisierung des Prozesses erforscht. Die Untersuchungen werden im folgenden Kapitel kategorisiert und bewertet.

2.3.3 Bisherige Untersuchungen zur Prozessstabilisierung

Previous Studies on Process Stabilization

In den vergangenen Jahren wurden verschiedene Ansätze mit dem Ziel der Prozessstabilisierung des drahtbasierten Laserauftragschweißens untersucht. Diese Untersuchungen können in Arbeiten zu veränderten Anlagenkonzepten, zum genaueren Verständnis der Prozesseinflussgrößen und ihrer Einstellung sowie zur Prozessüberwachung unterteilt werden.

Voraussetzung für die Stabilisierung eines Prozesses ist die Kenntnis über typischerweise auftretende Prozessfehler. Daran schließt die Forschung zur Erfassung und prozess- oder anlagentechnischen Vermeidung dieser Fehler an. Im lateralen LMD-w können charakteristische Prozessfehler auftreten, die im Folgenden näher beschrieben werden. Die Prozessfehler sind das Resultat eines Zusammenwirkens unterschiedlicher Einflussfaktoren. Diese sind einerseits prozess- bzw. systemtechnisch und andererseits grundlegend physikalisch bedingt. Wichtig für diese Arbeit sind besonders die Einflussfaktoren Drahtzuführung und Schmelzbaddynamik.

Eine Auflistung und Beschreibung dieser charakteristischen Prozessfehler beim LMD-w findet sich in den Arbeiten von FREYER [FREY07] und KLINGBEIL [KLIN19]. FREYER und KLINGBEIL nehmen eine Unterteilung der Fehler hinsichtlich ihrer Wirkung auf den weiteren Prozessverlauf vor. Die Fehler sind in Tabelle 2-2 und Tabelle 2-3 beschrieben und grafisch dargestellt. Die Kategorien werden von den beiden Autoren allerdings unterschiedlich bezeichnet bzw. bewertet. Die erste Kategorie („unkritisch" in [FREY07] und „kritisch" in [KLIN19]) beinhaltet die Fehler, die zwar zu einem unzureichenden Prozessergebnis führen, den kinematischen Prozessablauf (Draht- und Maschinenvorschub) und die Systemkomponenten infolge des Fehlerauftretens aber nicht beeinträchtigen. Die zweite Kategorie („kritisch" in [FREY07] und „fatal" in [KLIN19]) umfasst dagegen Fehler, bei denen die Fortsetzung des Prozesses mit den eingestellten Parametern nicht weiter möglich ist und im schlimmsten Fall sogar Maschinenkomponenten wie Draht- oder Schutzgasdüse beschädigt werden können. Letzteres kommt zum Beispiel durch ein Festschweißen des Drahtes und weitere Vorschubbewegung oder durch direkte Kollisionen zwischen Bauteil und Systemkomponenten zustande. Prozessfehler können im Verlauf des additiven Aufbaus zu Bauteilfehlern führen. Besonders verbreitet sind Porenbildung im Inneren und an der Oberfläche sowie unzureichender Materialauftrag an den Kanten und Seitenflächen des Bauteils.

Tabelle 2-2: Übersicht der Prozessfehler, die zu einem unzureichenden Prozessergebnis, aber nicht zum Prozessabbruch führen, nach [FREY07] und [KLIN19].

Overview of process defects leading to insufficient process results, but not to process breakup, according to [FREY07] and [KLIN19].

Bezeichnung	Beschreibung	Schema
Abtropfen des Drahtes	Unstetiger Übergang des geschmolzenen Drahtwerkstoffs auf das Substrat. Hervorgerufen durch eine unzureichende geometrische Ausrichtung zwischen Draht, Laserstrahl und Aufbauebene. Die Tropfenbildung kann am Ende einer Schweißraupe bei Verwendung des Drahtrückzuges zum Festschweißen an der Drahtdüse führen.	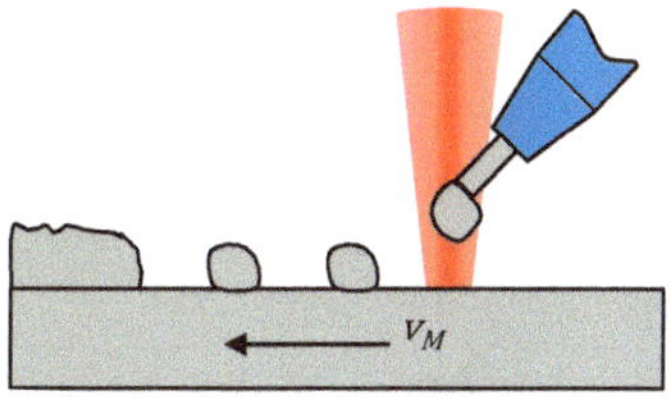
Kratzen	Aufgrund einer zu geringen Abschmelzleistung bei zu hohem Drahtvorschub entsteht ein mechanischer Kontakt zwischen Draht und Substrat. Der Draht kratzt durch das Schmelzbad, sodass eine zerklüftete Schweißraupenoberfläche entsteht. Der Draht wird durch die Kraft elastisch verbogen, was zur seitlichen Drahtauslenkung führen kann. Verstärkung des Effekts bei mangelhafter Draht-Laserstrahl-Ausrichtung.	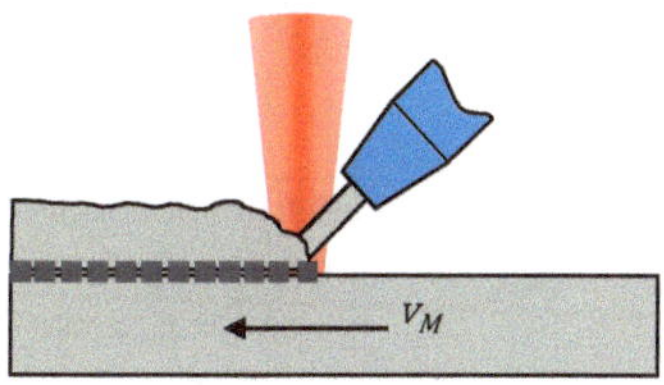
Seitlicher Versatz der Schmelze	Durch zu hohe Drahtvorschübe oder Schutzgasströme wird die Schmelze aus der Prozesszone herausgedrückt. Es entsteht eine zum Laserstrahl versetzte, oftmals asymmetrische Schweißraupe.	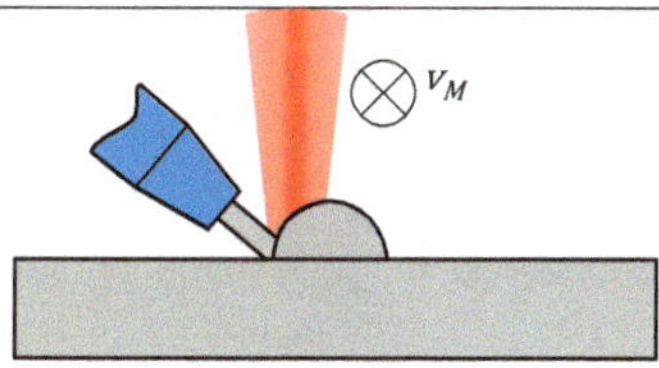

Tabelle 2-3: Übersicht der Prozessfehler, die zu einem Prozessabbruch führen, nach [FREY07] und [KLIN19].
Overview of process defects leading to process breakup, according to [FREY07] and [KLIN19].

Bezeichnung	Beschreibung	Schema
Seitliche Draht-auslenkung	Der Draht wird durch Kontakt mit dem Bauteil oder der erstarrten Schweißraupe seitlich ausgelenkt und verlässt den Laserfokus. Die Drahtdüse kann beschädigt werden.	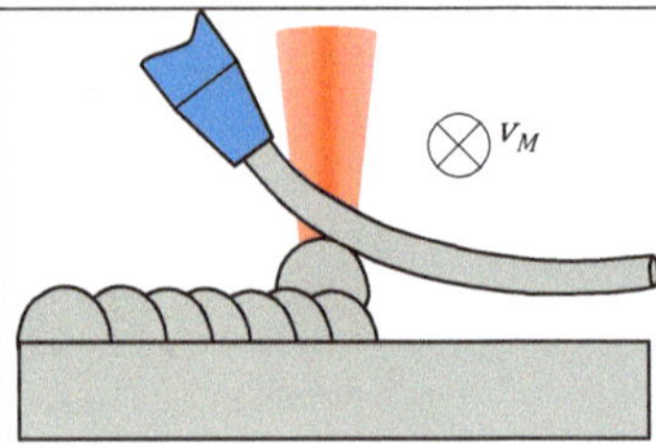
Festschweißen	Der Draht verlässt den Laserfokus und schweißt an der erstarrten Schweißraupe fest. Bei weiterer Bewegung des Bearbeitungskopfes können die Drahtdüse und der Schweißarm ausgelenkt und beschädigt werden. Das Festschweißen ist häufig eine Folge der seitlichen Drahtauslenkung.	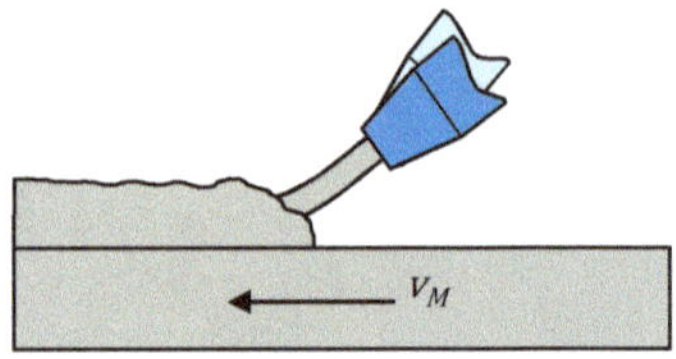
Drahtkollision	Der Draht kollidiert mit dem Bauteil, wird gestaucht und aus dem Laserfokus gelenkt. Bei weiterem Drahtvorschub wird der Draht geknickt; Düse und Schweißarm können durch die wirkenden Kräfte beschädigt werden. Häufig eine Folge von Fehlbewegungen, mangelhafter Drahtausrichtung, oder unzureichender Abschmelzleistung.	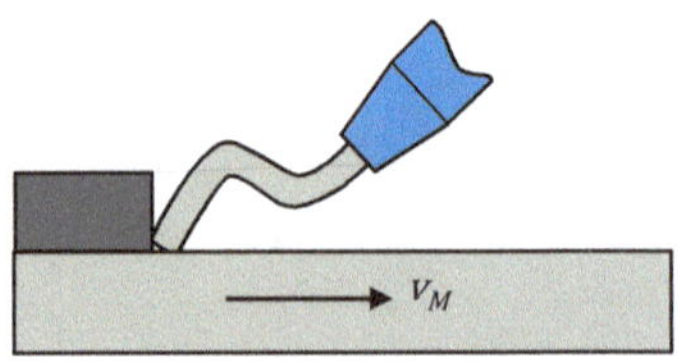
Düsenkollision	Die Drahtdüse kollidiert mit dem Bauteil. Beschädigung von Düse und Schweißarm möglich.	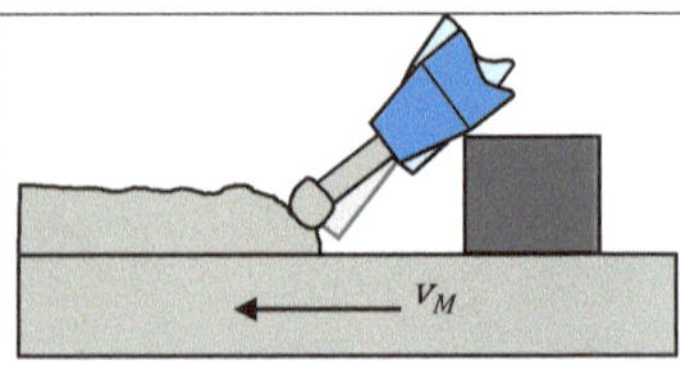

Im Zusammenhang mit der Prozessstabilisierung durch Kontrolle der Schmelzbadform und der Energieabsorption, die in dieser Arbeit untersucht werden, sind insbesondere die Prozessfehler relevant, die auf ein fehlerhaftes Abschmelzen des Drahtes oder eine fehlerhafte Draht-Schmelzbad-Interaktion zurückzuführen sind. Dies sind mit Bezug auf die aufgelisteten Fehler die Tropfenbildung, das Kratzen durch unzureichende Abschmelzleistung und der seitliche Versatz der Schmelze. Fehler, die eher mit einer unzureichenden Prozessführung und -einstellung verbunden sind, sind dagegen so gravierend, dass sie durch den hier verfolgten Ansatz in den meisten Fällen nicht oder nicht vollständig vermieden werden können. Dazu zählen die seitliche Drahtauslenkung (meist im Zusammenhang mit unzureichender Drahtrichtung oder -positionierung im Brennfleck), das Festschweißen am Ende einer Schweißraupe sowie Kollisionen mit dem Bauteil. Trotzdem werden letztere Fehler und bisher erforschte Ansätze zu ihrer Vermeidung hier dargestellt, da sie für das grundsätzliche Prozessverständnis des LMD-w und zur Bewertung möglicher Stabilisierungsansätze Relevanz besitzen.

Wie in Kapitel 2.3.2 beschrieben, hat die Positionierung des Drahtes im Brennfleck im lateralen LMD-w einen signifikanten Einfluss auf das Abschmelzen des Drahtes und das erzielte Prozessergebnis. Um dieses Problem zu umgehen, besteht einer der Prozessstabilisierungsansätze in der nicht-lateralen, d.h. koaxialen Drahtzuführung. In dieser Variante werden Draht und Laserstrahl koaxial geführt und treffen senkrecht auf die Grundwerkstoffoberfläche. Es gibt bereits kommerzielle koaxiale LMD-w-Köpfe, die beispielsweise von der Firma PRECITEC GMBH & CO. KG, Gaggenau-Bad Rotenfels, angeboten werden. Um bei der koaxialen Drahtzuführung ein gleichmäßiges Aufschmelzen des Drahtes zu ermöglichen, wird der über eine Faser eingekoppelte Laserstrahl üblicherweise mithilfe eines optischen Systems in einen Ringstrahl umgewandelt. Dieser wird um den Draht herumgeführt und ist so ausgerichtet, dass er im Bearbeitungspunkt an der Drahtspitze wieder in einem Punkt fokussiert ist. [MOTT18] Ein ebenfalls bereits kommerzialisierter Kopf der Firma Oscar PLT GmbH, Klipphausen, verwendet statt der vergleichsweise komplexen und kostspieligen Ringoptik mehrere direkt strahlende Diodenlaser, die im Kopf verbaut sind [SILZ20]. Die einzelnen Strahlen werden so geführt, dass sie einen gemeinsamen und mit der Drahtspitze konzentrischen Brennfleck besitzen. So wird ebenso wie bei der Ringstrahlvariante ein homogenes Abschmelzen erreicht.

Durch die koaxiale Ausrichtung von Laserstrahl und Draht ist der Prozess richtungsunabhängig, da mit der geometrischen Konfiguration keine stechenden oder schleppenden Prozesse mehr entstehen. Allerdings haben Vorversuche zu dieser Arbeit ergeben, dass koaxiale Prozesse oftmals nur ein sehr kleines Prozessfenster besitzen und insbesondere bei der Prozesseinrichtung herausfordernd sind. Da der Draht senkrecht auf die Werkstoffoberfläche trifft, sind zu hohe Drahtvorschübe kritisch. Kann der zugeführte Draht bei der eingestellten Laserleistung nicht vollständig aufgeschmolzen werden, tritt wie beim stechenden lateralen LMD-w ein Kratzen des Drahtes durch das Schmelzbad auf. Die Schweißraupe genügt in diesem Fall nicht den üblichen Qualitätsansprüchen. Da ein seitliches Ablenken des Drahtes bei zu hohem Drahtvorschub im koaxialen LMD-w nicht ohne ein voriges Abknicken möglich ist, wirken je nach Steifigkeit des Drahtes zunächst große Kräfte auf die Drahtzufuhrdüse und den Bearbeitungskopf, wenn der Draht bei zu geringer Abschmelzleistung auf die Werkstückoberfläche trifft. Um systemtechnische Schäden zu vermeiden, verwendet z. B. PRECITEC bei seinem „CoaxPrinter" eine keramische Verbindung zwischen Drahtdüse und Optiksystem. Bei zu hohen Kräften versagt das keramische Element und der Kraftfluss in den Bearbeitungskopf wird unterbrochen [PREC21]. Zudem wurde in Vorstudien zu dieser Arbeit festgestellt, dass die Einstellung der Start- und Endpunkte der Schweißraupen beim koaxialen LMD-w aufwändig ist. Wird der Laserstrahl eingeschaltet, bevor die Drahtspitze die Prozesszone erreicht, wird der Draht zu weit oben aufgeschmolzen und es entsteht ein Tropfen. Es entsteht keine stabile Verbindung der Schmelzbäder von Draht und Substrat und somit keine Schweißraupe. Erreicht die Drahtspitze dagegen zu früh die Prozesszone, kommt es zu oben beschriebener Kollision mit dem Substrat, die zu Schäden am Bearbeitungssystem führen kann. Ebenso ist die Einstellung der Endpunkte kritisch. Zwar ist beim koaxialen LMD-w die Verbindung zwischen Draht und Schmelzbad etwas weniger fragil als bei lateraler Drahtzufuhr. Dies erhöht allerdings das Risiko eines Festschweißens des Drahtes am Prozessende, wenn der Draht nach dem Abschalten des Lasers zu spät oder zu langsam aus dem Schmelzbad herausgezogen wird.

Insgesamt führen die beschriebenen Phänomene dazu, dass eine Parametervariation zur Bestimmung geeigneter Prozesskonfigurationen beim koaxialen LMD-w problematisch sein kann. Bei bereits feststehenden Prozessparametern bietet die koaxiale Drahtzufuhr aber Vorteile hinsichtlich einer stabileren Draht-Schmelzbad-Interaktion und der damit einhergehenden Richtungsunabhängigkeit.

Andere Stabilisierungsansätze zielen auf eine Stabilisierung des lateralen LMD-w durch ein umfassenderes Prozessverständnis ab. KLINGBEIL untersuchte in seiner Arbeit, welchen Einfluss das Drahtfördersystem und die Drahtpositionierung auf die Stabilität des Auftragschweißprozesses haben [KLIN19]. Dabei stand im Vordergrund, welche maximal freie Weglänge und welche minimalen Biegeradien der Draht auf dem Förderweg erfahren darf, damit das Prozessergebnis nicht negativ beeinflusst wird. Ist die Einhaltung dieser Werte gegeben, ist sichergestellt, dass der Draht im Prozess nach dem Austritt aus der Drahtdüse zuverlässig in die zuvor eingestellte Zone im Brennfleck eintritt. Hierzu untersuchte KLINGBEIL, welche Position im Brennfleck zu einer hohen Schweißraupenqualität führt und welche Positionen und Eintrittswinkel zu vermeiden sind, um Tropfenbildung oder andere Abschmelzfehler auszuschließen. Ebenso werden die Einflüsse von Reibung zwischen Draht und Fördersystem sowie von systemtechnisch bedingten Unstetigkeiten der Förderung auf das Prozessergebnis erforscht. Auf Grundlage dieser Ergebnisse wurden angepasste Aufbaustrategien für den lateralen LMD-w-Prozess abgeleitet und validiert, die zu einer guten Gefügequalität und hoher geometrischer Präzision der Bauteile führten. Allerdings wurden nur schleppende Prozesse betrachtet und es wurde nicht untersucht, wie tolerant der eingestellte Prozess hinsichtlich auftretender Schwankungen, beispielsweise einer voranschreitenden Dejustage des Systems über einen längeren Zeitraum, ist. Die praktische Erfahrung zeigt, dass eine korrekt eingestellte Eintrittsposition des Drahtes in den Brennfleck oftmals nicht dauerhaft erhalten bleibt. Dies kann zwei Hauptursachen besitzen. Besonders bei Systemen mit flexibel einstellbaren Drahtzuführpositionen verschieben sich die Komponenten unter der Einwirkung von Umwelteinflüssen wie Temperatur, Luftfeuchtigkeit oder dem Eigengewicht kontinuierlich, sodass ggf. ein Positionsdrift des Drahtes im Brennfleck auftritt. Zu dem gleichen Effekt führt auch die Krümmung des Drahtes, der im Regelfall auf Spulen mit 300 mm Durchmesser gewickelt vorliegt

[KLIN19]. Solch eine Spule enthält meist mehrere Hundert Meter Draht. Die im Inneren liegenden Drahtsegmente haben eine deutlich stärke Vorkrümmung als die außen liegenden, die zu Beginn abgespult werden. Somit muss der von KLINGBEIL eingesetzte Drahtrichter immer wieder neu an die veränderte Vorkrümmung angepasst werden, um eine konstante Positionierung im Brennfleck zu erreichen.

Ebenfalls den systemtechnischen Stabilisierungsansätzen für LMD-w zuzuordnen ist die Entwicklung geeigneter CAD/CAM-Strategien. Eine geeignete Bahnplanung ermöglicht es, die Bauteil- und Bearbeitungskopforientierung beim lateralen LMD-w so zu wählen, dass der Winkel zwischen Draht- und Maschinenvorschubrichtung konstant bleibt. Somit können Wechsel zwischen stechendem und schleppendem Schweißen vermieden werden, wodurch die Prozessstabilität steigt. Mit einer fünfachsigen Werkzeugmaschine ist eine entsprechende Bahnrealisierung für 3D-Bauteile grundsätzlich möglich. Hingegen sind die entsprechenden Softwarelösungen, die zur Bahnplanung benötigt werden, bisher maschinenspezifisch ausgelegt. Möglichkeiten zur maschinenunabhängigen Bahnplanung, die eine Voraussetzung für die Übertragbarkeit von Prozessen auf andere Anlagen sind, existieren nicht. Der aktuelle Stand zu CAD/CAM-Lösungen für einen fünfachsigen LMD-w-Prozess mit lateraler Drahtzuführung wurde von KAMMANN ET AL. beschrieben [KAMM21].

Der letzte Ansatz zur Prozessstabilisierung, auf den in dieser Arbeit eingegangen wird, umfasst das Prozessmonitoring. In den letzten Jahren wurden vermehrt fortgeschrittene messtechnische Methoden eingesetzt, um den Auftragschweißprozess *in situ* zu bewerten und die Prozessstrategie entsprechend anzupassen. Auf diese Weise können die Zuverlässigkeit des Prozesses und die Bauteilqualität erhöht werden. Zum Beispiel beschreiben BERGS ET AL., wie eine IR-basierte Temperaturüberwachung des Bauteils während des vielschichtigen Aufbaus dünner Strukturen mit lateralem LMD-w dazu genutzt werden kann, die Prozessstabilität zu verbessern. Es wurde nachgewiesen, dass ein Kühlen des Bauteils zwischen dem Auftrag der einzelnen Schichten zu einem stabileren Auftrag und mehr möglichen Schichten führt [BERG20]. GOVEKAR ET AL. und KOTAR ET AL. setzen IR- und Highspeed-Kameras ein, um den Tropfenübergang vom Draht in das Schmelzbad zu bewerten und zu verbessern [GOVE18], [KOTA18]. Zusätzlich greifen KOTAR ET AL auf Kaustikmessungen zurück, um anhand der Laserstrahlform den Energieeintrag in das Werkstück zu charakterisieren [KOTA21]. Auch in den Prozesskopf integrierte Messsysteme, die auf optischer Kohärenztomografie (OCT) basieren, wurden bereits konzipiert, um die Schweißraupengeometrie während des Prozesses zu erfassen [STEH22].

Besonders hervorzuheben sind darüber hinaus Arbeiten, die ein Monitoringsystem mit einer automatischen Regelung koppeln, sodass die Prozessparameter bei Abweichung des Soll-Messwerts von der Maschine selbstständig angepasst werden. TAKUSHIMA ET AL. verwendeten ein Linienscannersystem zur *in situ*-Höhenmessung der Schweißraupe beim LMD-w. Das System führt abhängig vom gemessenen Wert eine Nachregelung des Drahtvorschubs durch, um die Sollhöhe beim additiven Aufbau konstant zu halten. [TAKU20] Ein ähnliches System setzten auch TYRALLA ET AL. ein, allerdings für LMD-p. Mit ihrem Geometrieerfassungssystem werden der Überlapp nebeneinander liegender Schweißraupen ermittelt und die Bahnbewegung falls notwendig automatisch angepasst. Zusätzlich verwenden die Autoren ein Regelungsmodul, das die Größe des

Schmelzbades mithilfe einer Infrarot-Kamera bestimmt und die Laserleistung so anpasst, dass die Schmelzbadgröße konstant bleibt. [TYRA20]

Zusammenfassend kann festgehalten werden, dass in den letzten Jahren verschiedene Untersuchungen mit dem Ziel einer Prozessstabilisierung des LMD-w durchgeführt wurden. Die Forschungsergebnisse ermöglichen eine Verbesserung des Prozessergebnisses durch Sicherstellung einer größeren Prozessstabilität. Allerdings setzen viele der genannten Entwicklungen nicht am Kernproblem des LMD-w – dem vergleichsweise sehr kleinen Prozessfenster aufgrund der instabilen Draht-Schmelzbad-Interaktion – an. Deshalb ist die Prozessstabilität des LMD-w trotz des prozess- und messtechnischen Fortschritts nach wie vor der von LMD-p unterlegen.

2.4 Der Zweistrahlprozess beim Laserstrahlhartlöten

The Dual-Beam Process for Laser Brazing

Dieses Unterkapitel dient der Verknüpfung zwischen dem Zweistrahlverfahren als Konzept für das flussmittelfreie Laserstrahlhartlöten und dem drahtbasierten Laserauftragschweißen. Der Zweistrahlprozess wurde vor etwa zehn Jahren für das flussmittelfreie Laserstrahlhartlöten von aluminiumbasierten Legierungen entwickelt. Einige der im Lötprozess beobachteten Effekte können auf das drahtbasierte Laserauftragschweißen mit dem Zweistrahlprozess übertragen werden.

2.4.1 Funktionsweise

Principle

Beim Fügen von oxidbildenden Legierungen wie Aluminiumwerkstoffen stellt die natürlich vorhandene Oberflächenoxidschicht eine Herausforderung dar [BARG08], [HEIG05], [KLOC05], [DONS09]. Insbesondere beim Löten, wo nur der Zusatzwerkstoff, nicht aber die Fügepartner selbst aufgeschmolzen werden, kann die Oxidschicht den Fügeprozess erheblich einschränken. Der zugrundeliegende Verbindungsmechanismus – die Diffusion des drahtförmigen Zusatzwerkstoffs in den Grundwerkstoff – wird durch die Oxidschicht behindert. Bis vor einigen Jahren wurden meist Flussmittel eingesetzt, mit denen das Oberflächenoxid chemisch entfernt wurde. Dieses Vorgehen ist aber mit erheblichen Nachteilen verbunden. Zum einen gehen von den aggressiven Flussmitteln Gefahren für die menschliche Gesundheit und die Umwelt aus. Zum anderen führt der Einsatz von Flussmitteln zu weiteren Schwierigkeiten im Produktionsablauf. Nach Applikation des Flussmittels muss der Lötprozess so zügig durchgeführt werden, dass sich zuvor nicht erneut eine Oxidschicht ausbildet. Um dies zu verhindern, müssen häufig zusätzliche chemische Substanzen eingesetzt werden, die die Bauteile zwischen der Anwendung des Flussmittels und dem Lötprozess vor einer erneuten Oxidation schützen. Vor diesem Hintergrund wurde an Verfahren geforscht, die eine Entfernung der Oxidschicht während des Fügeprozesses und ohne den Einsatz von Chemikalien ermöglichen. Eines dieser Konzepte ist der sogenannte Zweistrahlprozess.

Die schematische Funktionsweise des Zweistrahlprozesses ist in Abbildung 2-9 dargestellt. Im Zweistrahlprozess wird der kontinuierliche Prozesslaserstrahl (cw) mit einem zusätzlichen, modulierten bzw. gepulsten Laserstrahl (pw) überlagert. Der pw-Laserstrahl wird in der Dissertation von DONST als Wirklaser bezeichnet.

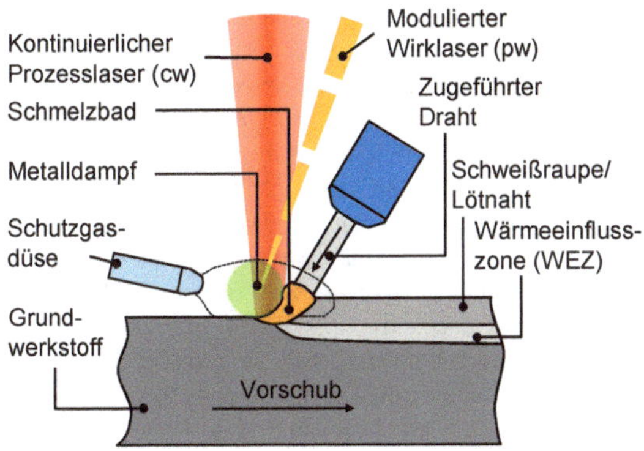

Abbildung 2-9: Schematische Darstellung des Zweistrahlprozesses für das Laserstrahlhartlöten und -auftragschweißen (stechend).
Schematic of the dual-beam process for laser brazing and Laser Metal Deposition (pushed welding).

Die mittlere Leistung des modulierten Lasers ist dabei vergleichsweise klein und beträgt weniger als 10 % der verwendeten cw-Leistung. Der Brennfleck des kontinuierlichen Laserstrahls ist rund (Durchmesser etwa 2,5 mm). Der Pulslaserbrennfleck ist dagegen rechteckig (ca. 2 x 0,05 mm²) und wird innerhalb des cw-Brennflecks positioniert. Da beim Löten von Al-basierten Legierungen nahezu ausschließlich schleppende Prozesse (Draht- und Maschinenvorschubrichtung parallel zueinander) eingesetzt werden, wirkt der modulierte Laserstrahl somit im Schmelzbad, das sich zwischen dem zugeführten Draht und der bereits erstarrten Lötnaht befindet. Es kommt zu einer Wechselwirkung zwischen moduliertem Laserstrahl und Schmelzbad sowie zwischen Laserstrahl und Werkstück neben dem Schmelzbad. [DONS12], [KLOC05]

In der Vergangenheit konnte gezeigt werden, dass mit diesem Ansatz ein flussmittelfreier Lötprozess für Aluminiumlegierungen [DONS12] und sogar das Fügen von Aluminium-Stahl-Mischverbindungen möglich sind [FRAN14], [FRAN16]. Die Verbindung der Fügepartner kommt durch das Zusammenwirken mehrerer physikalischer Effekte zustande, die im Folgenden näher beschrieben werden.

2.4.2 Beobachtbare physikalische Effekte
Observable Physical Effects

Der Zweistrahlprozess für das Laserhartlöten und die durch den modulierten Laserstrahl hervorgerufenen Effekte wurden vor allem in der Dissertation von DONST [DONS12] eingehend analysiert. Dabei wurden vier Haupteffekte festgestellt, die einen Einfluss auf das Zustandekommen der Fügeverbindung und ihre Geometrie haben. Alle Effekte beruhen darauf, dass im Bereich der Pulslaser-Material-Wechselwirkung durch die hohe Leistungsdichte in den einzelnen Laserpulsen Material ablatiert wird.

Durch den Materialabtrag auf dem Werkstück wird die Topografie der Oberfläche auf Mikroebene modifiziert. Es kommt zu einer Veränderung des Benetzungsverhaltens durch den Lotwerkstoff. Die erzeugten Oberflächenstrukturen vergrößern den werkstoffabhängigen Benetzungswinkel, sodass sich die Lotschmelze besser auf dem Werkstück ausbreiten kann. Durch die Verdampfung von Werkstück- und Lotmaterial im Bereich des Schmelzbades bildet sich eine kleine Wolke aus Metalldampf. Aufgrund der verwendeten Leistungsdichten ist davon auszugehen, dass die Dampfwolke teilweise ionisiert ist. Bei der Expansion des Werkstoffs während des Verdampfungsvorgangs entsteht Druck, der omnidirektional von der Dampfwolke ausgeht. Die resultierende Kraft wirkt sich auf die Schmelzbadgeometrie aus. Im direkten Wirkungsbereich des pw-Lasers wird die Schmelze zusammengedrückt und verdrängt; in Richtung von Draht und Lötnaht entsteht dadurch ein höheres Schmelzbad. Die pw-induzierte Verformung des Schmelzbades ist in Abbildung 2-9 dargestellt. Zusätzlich wird im Bereich der Dampfwolke die Absorption der Laserstrahlung verändert. Der modulierte Laserstrahl hat somit einen Einfluss auf die Prozess- und Werkstücktemperatur. Die für das Löten entscheidende Oxidentfernung beruht nach aktuellem Kenntnisstand auf dem Zusammenspiel von zwei Phänomenen. Einerseits wird ein Teil des Oxids direkt ablatiert. Andererseits entstehen durch die unterschiedlichen Ausdehnungskoeffizienten von Grundwerkstoff und Oxidschicht Risse in der Schicht. Dies wird durch die stärkere Absorption in der Metalldampfwolke verstärkt. Durch die entstehenden Risse kann die Lotschmelze in den Grundwerkstoff eindiffundieren. Eine Prinzipskizze der dampfinduzierten Effekte findet sich in Abbildung 5-1.

DONST beschrieb in seiner Arbeit das Zusammenwirken der verschiedenen auftretenden Effekte und erarbeitete ein Prozessmodell, in dem die Ursache-Wirkungs-Zusammenhänge zwischen Ein- und Ausgangsgrößen abgebildet werden. Seine Betrachtungen beziehen sich ausschließlich auf Lötverbindungen aus aluminiumbasierten Werkstoffen. FRANK untersuchte das Zweistrahlverfahren anschließend auf seine Eignung für das Fügen von Aluminium-Stahl-Mischverbindungen [FRAN16]. Solche Mischverbindungen stellen aufgrund der sehr unterschiedlichen Werkstoffeigenschaften der Fügepartner eine große Herausforderung dar. Durch den lokal erhöhten Wärmeeintrag im Zweistrahlprozess und die verbesserte Benetzung dank der Veränderung der Oberflächenstruktur können solche Verbindungen hergestellt werden. Sowohl DONST als auch FRANK betrachteten in ihren Arbeiten nur das Laserstrahlhartlöten und legten den Schwerpunkt auf das prozesstechnische Erreichen von fehlerfreien Fügeverbindungen. Es besteht nach wie vor ein allgemeines Defizit hinsichtlich der Wirkmechanismen der Veränderung der Nahtgeometrie durch den Dampfdruck und der veränderten Energieabsorption. Eine tiefergehende physikalische Untersuchung dieser Effekte und ihres möglichen Variationsbereichs fand bisher nicht statt. Insbesondere in Bezug auf die veränderte Prozesstemperatur bestehen bisher nur Anhaltspunkte, da keine geeigneten Messmethoden zur Verfügung standen. Zwar gibt es, wie in Kapitel 2.1 erläutert, Modelle zur Beschreibung des entstehenden Metalldampfdrucks bei der Lasermaterialbearbeitung sowie der Laser-Dampf-Interaktion. All diese Modelle gehen aber von nur einem einzigen wirkenden Laserstrahl aus. Es ist deshalb zu erforschen, inwieweit die Modelle für den Fall zweier gleichzeitig wirkender Laserstrahlen mit sehr unterschiedlichen Strahleigenschaften gültig sind.

Bisher wurde zudem nicht systematisch untersucht, ob eine Übertragung der Zweistrahl-Effekte auf andere Prozesse wie das Auftragschweißen und auf andere Werkstoffklassen möglich ist. Für das Auftragschweißen sind grundsätzlich die pw-induzierte Schmelzbadformung sowie die erhöhte Absorption relevant. Die Oberflächenmodifikation und Oxidentfernung, die im ursprünglichen Zweistrahlprozess eine verbesserte Benetzung mit dem Lotwerkstoff begünstigen, sind für das Schweißen irrelevant, da hier Zusatz- und Grundwerkstoff aufgeschmolzen werden.

2.4.3 Potenzial des Zweistrahlprozesses für die LMD-w-Prozessstabilisierung

Potential of the Dual-Beam Process for LMD-w Process Stabilization

Wie in Kapitel 2.3.2 und 2.3.3 dargelegt, wird die Anwendung des lateralen drahtbasierten Laserauftragschweißens stark durch die vergleichsweise hohe Prozessinstabilität eingeschränkt. Die beobachtete Prozessinstabilität kann dabei in zwei Phänomene aufgeteilt werden.

Das erste Phänomen betrifft den Auftrag von Einzelraupen. Hier stellen vor allem die Interaktion von Draht und Schmelzbad und die dabei entstehende Einschnürung ein Problem dar. Schon leichte Veränderungen der Prozessparameter oder statistisch auftretende Schwankungen im Prozess können zum Prozessabbruch führen. Zusätzlich kann eine Veränderung der Schweißrichtung (schleppend, stechend, seitlich) im Falle einer lateralen Drahtzuführung die Prozessdynamik maßgeblich verändern. Um eine Prozessstabilisierung zu erreichen, muss einerseits die Schmelzbaddynamik besser kontrolliert werden können. Andererseits muss sichergestellt werden, dass der Draht im Bereich statistisch auftretender Prozessschwankungen und im Falle von Richtungsänderungen jederzeit weiter abgeschmolzen wird und die Verbindung zwischen Draht und Schmelzbad im Bereich der Einschnürung nicht unterbrochen wird.

Highspeed-Aufnahmen des Zweistrahlprozesses beim Fügen von Aluminium belegen, dass der zusätzliche modulierte Strahl und die entstehende Dampfwolke offenbar eine Stabilisierung des Abschmelzverhaltens begünstigen. Zudem scheint die Schmelzbaddynamik stark durch den pw-Laser beeinflusst zu werden. Die beobachteten Oszillationen wurden bisher allerdings nicht vollständig verstanden. Daraus folgt die Frage, ob mit dem Ansatz des Zweistrahlprozesses neben dem Fügen auch additive Prozesse wie das drahtbasierte Laserauftragschweißen stabilisiert werden können. Da der Einsatz dieses Verfahrens bisher aufgrund der Prozessinstabilität sehr eingeschränkt ist, ergäben sich dadurch große Vorteile.

Neben der Prozessstabilisierung beim Auftrag von Einzelraupen gibt es einen zweiten Effekt mit großem Potenzial. Beim Auftrag von Schichten wird die Welligkeit der Schichtoberfläche in hohem Maße durch den Querschnitt der einzelnen Schweißraupen bestimmt, aus denen die Schicht zusammengesetzt ist. Da es im Zweistrahlprozess prinzipiell möglich ist, durch Schmelzbadmanipulation den Querschnitt zu verändern, ist es denkbar, durch die Auswahl geeigneter Prozessparameter auch die resultierende Schichtwelligkeit zu reduzieren. Da eine glatte und homogene Oberfläche vermutlich Voraussetzung für einen defektfreien dreidimensionalen Aufbau ist, ist anzunehmen, dass der Zweistrahlprozess die Herstellung additiver Bauteile mittels drahtbasiertem Laserauftragschweißen erleichtert.

2.5 Zwischenfazit und Forschungsdefizit

Interim Conclusion and Research Gap

Der Stand der Technik verdeutlicht, dass das drahtbasierte Laserauftragschweißen aufgrund seiner Vorteile ein wichtiges Verfahren innerhalb der Gruppe der DED-Prozesse in der additiven Fertigung darstellt. Durch die hohe Materialeffizienz ist seine Relevanz insbesondere als ressourcenschonendes additives Herstellungs- und Reparaturverfahren ersichtlich. Allerdings wird LMD-w bislang nahezu nicht in der industriellen Fertigung eingesetzt. Der Grund hierfür ist die im Vergleich zu anderen DED-Verfahren geringe Prozessstabilität, die aus der fragilen und physikalisch komplexen Interaktion zwischen dem festen Drahtwerkstoff und dem flüssigen Schmelzbad resultiert. Bisherige Entwicklungen hinsichtlich einer verbesserten Systemtechnik konnten die bestehenden Defizite nicht vollständig beseitigen oder sind mit anderen Nachteilen verbunden. Es besteht demnach ein Bedarf an neuen Ansätzen, die eine Erhöhung der Prozessstabilität und somit perspektivisch den Einsatz von LMD-w in der Industrie ermöglichen. In der Vergangenheit wurde gezeigt, dass der Zweistrahlprozess eine Stabilisierung des Laserstrahlhartlötprozesses ermöglicht. Allerdings ist das Wissen über die Ursache-Wirk-Mechanismen der Effekte auf den Prozess bisher unzureichend, sodass die Effekte nicht wissensbasiert genutzt werden können. Eine Quantifizierung der jeweils relevanten physikalischen Prozesseinflüsse steht noch aus, um die Signifikanz der Effekte für den Prozessablauf vollumfänglich bewerten zu können. Im Zusammenhang mit der unzureichenden Prozessstabilität im drahtbasierten Laserauftragschweißen ist zu untersuchen, ob der photonische Ansatz des Zweistrahlprozesses zur Stabilitätssteigerung des LMD-w geeignet ist. Dazu muss die grundsätzliche Übertragbarkeit der beiden relevanten Effekte auf den Schweißprozess erforscht werden. Ist diese gegeben, ist zu untersuchen, ob und in welchem Maße die auftretenden physikalischen Effekte eine Prozessstabilitätserhöhung ermöglichen. Insbesondere ist eine Stabilisierung mehrschichtiger LMD-w-Prozesse durch Einstellung der Oberflächenwelligkeit mittels Verwendung geeigneter Schweißraupenquerschnitte relevant. Für den Zweistrahl-LMD-w-Prozess existiert darüber hinaus aktuell kein Prozesserklärungsmodell, das die verschiedenen Einflussgrößen und ihre Wirkung auf den Auftragschweißprozess berücksichtigt und eine Vorhersage des Prozessablaufs erlaubt. Das Modell des Zweistrahl-Laserhartlötens muss somit angepasst, erweitert und auf das Laserauftragschweißen übertragen werden.

3 Aufgabenstellung und Zielsetzung

Task Definition and Objectives

Aus dem Stand der Technik wird für die Prozessstabilität des drahtbasierten LMD ein Defizit ersichtlich. Durch die mangelnde Prozessstabilität werden die ökonomischen und ökologischen Vorteile des Drahtes gegenüber einem vergleichbaren Pulverprozess in der industriellen Anwendung nicht ausgeschöpft und das Verfahren kommt nahezu nicht zum Einsatz. Daraus wird folgende wirtschaftliche Problemstellung abgeleitet: Zur Steigerung der Wirtschaftlichkeit des drahtbasierten Laserauftragschweißens (LMD-w) muss das Verfahren stabiler, reproduzierbarer und hinsichtlich der erzeugbaren Geometrien und Oberflächen flexibler werden.

Das Ziel dieser Arbeit ist deshalb die Erforschung eines neuen Prozessstabilisierungsansatzes. Es wird untersucht, inwieweit der aus der Fügetechnik bekannte Zweistrahlprozess zur Prozessstabilisierung des Laserauftragschweißens mit lateraler Drahtzuführung geeignet ist. Die Beschränkung auf die laterale Zuführung erfolgt aufgrund der geringeren Komplexität des Systems zur Einstellung der benötigten Intensitätsverteilung und der kostentechnischen Vorteile dieser Variante, die insbesondere für einen industriellen Einsatz entscheidend sind.

Die Stabilisierung des Laserstrahlhartlötens mit dem Zweistrahlprozess wird durch das Zusammenspiel mehrerer physikalischer Effekte erreicht, die durch den modulierten Laserstrahl induziert werden. In dieser Arbeit wird die Übertragbarkeit zweier Effekte – der verdampfungsinduzierten Erhöhung der Absorption und der Beeinflussung der Schmelzbaddynamik – auf das Laserauftragschweißen erforscht. Global betrachtet beeinflusst der modulierte Laserstrahl den Temperatureintrag in das Werkstück, die Oberflächenrauheit und die Querschnittsgeometrie der einzelnen Schweißraupen sowie die Oberflächenwelligkeit beim mehrschichtigen Aufbau. Dabei besteht folgende wissenschaftliche Problemstellung: Die im drahtbasierten Zweistrahl-LMD-w auftretenden physikalischen Effekte und ihre Ursachen sind noch nicht tiefgehend genug erforscht, um sie zur Prozessstabilisierung nutzen zu können. Insbesondere muss die Wirkung des modulierten Laserstrahls auf die Schweißraupengeometrie und die Temperaturverteilung während des Prozesses untersucht werden.

Um den Ursache-Wirkungs-Zusammenhang zwischen den Effekten und der resultierenden Prozessstabilisierung zu verstehen, müssen die einzelnen Effekte zunächst phänomenologisch erklärt, quantifiziert und schließlich ihr Einfluss auf den Prozess und dessen Stabilität untersucht werden.

Insgesamt wird folgende **Forschungshypothese** aufgestellt:

„Die Prozessstabilität des mehrschichtigen drahtbasierten Laserauftragschweißens wird durch die Anpassung der Oberflächenrauheit und -welligkeit sowie der Temperaturverteilung im Zweistrahlprozess gesteigert."

Um diese Forschungshypothese zu validieren, wird ein Vorgehen gewählt, das an den vier folgenden Forschungsfragen orientiert ist:

Forschungsfrage 1:
Wie trägt die Anpassung der Oberflächenrauheit und -welligkeit zur Stabilisierung des mehrschichtigen LMD-w bei?

Es wird angenommen, dass eine große Oberflächenwelligkeit bzw. -rauheit die Stabilität des mehrschichtigen Aufbaus negativ beeinflussen.

Forschungsfrage 2:
Welche der beim Zweistrahl-Laserhartlöten beobachteten Effekte sind auch im Zweistrahl-LMD-w nachweisbar?

Vermutlich besitzen die pw-induzierte Kraftwirkung auf das Schmelzbad sowie die Veränderung der Absorptionseigenschaften signifikanten Einfluss auf das Prozessergebnis. Für den Zweistrahlprozess wird parameterabhängig von einem um mehr als 10 % erhöhten Absorptionskoeffizienten ausgegangen.

Forschungsfrage 3:
In welchem Maße tragen die Effekte des Zweistrahl-LMD-w zur Steigerung der Prozessstabilität bei?

Voraussichtlich führt die im Zweistrahlprozess stabilisierte Draht-Schmelzbad-Interaktion zu einem in einigen Pulslaserparameterbereichen um bis zu 30 % vergrößerten Prozessfenster, in dem der LMD-w-Prozess für Einzelschweißraupen stabil verläuft. Für den mehrschichtigen Aufbau wird von einer Zunahme der fehlerfrei aufschweißbaren Schichten ausgegangen.

Forschungsfrage 4:
Wie muss ein empirisches Beschreibungsmodell für den Zweistrahl-LMD-w-Prozess gestaltet sein, um den Einfluss der modulierten Laserstrahlung auf die Prozessstabilität abzubilden?

Das Prozessbeschreibungsmodell wird die verschiedenen Einflussgrößen und ihr Zusammenspiel qualitativ und, wenn möglich, quantitativ berücksichtigen und parameterabhängige Bereiche angeben, in denen die Effekte zu einer Prozessstabilisierung führen.

Unter dem Oberbegriff „Prozessstabilität" werden in dieser Arbeit zwei Aspekte zusammengefasst. Dabei handelt es sich einerseits um die Größe des von den Prozessparametern aufgespannten Bearbeitungsfensters, in dem ein stabiler LMD-w-Prozess möglich ist. Die Größe dieses Fensters ist vor allem beim Auftrag einzelner Schweißraupen maßgeblich. Andererseits wird angenommen, dass die Stabilität beim 3D-Aufbau durch die Rauheit und Welligkeit der darunter liegenden Schichten beeinflusst wird. Dieser Aspekt fließt ebenfalls in die Gesamtbewertung der Prozessstabilität ein. Folglich werden im Rahmen dieser Arbeit beide Aspekte des Oberbegriffs „Prozessstabilität" erforscht.

Um die Forschungsfragen zu beantworten und die Prozessstabilität in Abhängigkeit von den Strahleigenschaften des modulierten Laserstrahls zu untersuchen, wird ein schrittweises Vorgehen gewählt, das in Abbildung 3-1 grafisch zusammengefasst ist.

Forschungsdefizit:
- Mangelnde Prozessstabilität LMD-w
- Unvollständiges Verständnis der physikalischen Effekte im Zweistrahl-Prozess

Ziel:
Verständnis und Nutzung der Zweistrahl-Effekte zur LMD-w-Prozessstabilisierung

Kapitel 5: Untersuchung der physikalischen Einzeleffekte
- 5.1 & 5.2: Absorption und Prozesstemperatur
- 5.3 & 5.4: Pulslaserinduzierte Kraftwirkung und Schweißraupengeometrie
- 5.5: Teilmodellbildung

Kapitel 6: Untersuchung der Effektinteraktion
- 6.1: Schmelzbaddynamik
- 6.2: Größe des stabilen Prozessfensters (Einzelschweißraupen)
- 6.3: Gesamtgestaltungsmodell

Kapitel 7: Validierung anhand des Schicht- und dreidimensionalen Auftrags

Kapitel 8: Praxisrelevanz und Industrietransfer

Abbildung 3-1: Grafische Darstellung der Struktur der Arbeit.
Graphical representation of the structure of the work.

Es wird analysiert, wie der Auftragprozess durch den modulierten Laserstrahl gezielt manipuliert werden kann, um eine Prozessstabilitätssteigerung zu erreichen. Dazu werden der Einfluss des modulierten Laserstrahls auf die Absorption der eingebrachten Laserenergie und die pw-induzierte, auf das Schmelzbad wirkende Kraft zunächst jeweils in Analogieversuchen und anschließend im realen Auftragschweißprozess erforscht (Kapitel 5). In einem kalorimeterähnlichen Versuchsaufbau wird untersucht, wie der modulierte Laserstrahl den globalen effektiven Absorptionskoeffizienten für beide Laserstrahlen verändert. Im realen Auftragschweißprozess eines Werkzeugstahls mit guter Schweißbarkeit wird im nächsten Schritt ermittelt, welchen Einfluss der veränderte Absorptionskoeffizient auf die Prozess- bzw. Werkstücktemperatur besitzt. Es werden Temperaturmessungen mittels optischer Rückstreureflektometrie (OBR) und IR-Thermografie durchgeführt. Die OBR-Messung der inneren Bauteiltemperatur wurde bisher nicht eingesetzt und muss zunächst als geeignetes Messverfahren qualifiziert werden. Zusätzlich werden die Beobachtungen mit der Größe der entstehenden Wärmeeinflusszone im Grundwerkstoff korreliert, die direkt mit der eingebrachten Wärmemenge in Verbindung steht. Eine Analyse der innerhalb von Dampf bzw. Plasmen auftretenden photonischen Mechanismen erlaubt eine Interpretation und Modellierung der Beobachtungen. In den Analogieversuchen „Kugelbahnversuch" und „Feinwaagenversuch" wird die durch pw-induzierte Verdampfung hervorgerufene Kraft nachgewiesen und ihre Größenordnung in Abhängigkeit der verwendeten Parameter ermittelt. Die Wirkung der Kraft auf die resultierende Schweißraupengeometrie wird innerhalb von Zweistrahl-LMD-w-Versuchen analysiert. Wiederum wird eine Verbindung zur Dampf- bzw. Plasmaphysik hergestellt, um die Untersuchungsergebnisse zu erklären. Teilmodelle zur Beschreibung der beiden Effekte und ihres Einflusses auf den Prozess werden abgeleitet. In Kapitel 6 erfolgt mittels Hochgeschwindigkeitsaufnahmen eine Analyse der Wirkung der Absorptionseinflüsse und Verdampfungskräfte auf die Schmelzbaddynamik und die Draht-Schmelzbad-Interaktion beim Auftrag von Blindnähten des o.g. Stahlwerkstoffes. Das Verhalten der Schmelze wird bewertet und in Verbindung zu den entstehenden Oberflächeneigenschaften der Schweißraupen gesetzt. Die Größen des stabilen Prozessfensters im konventionellen und im Zweistrahl-LMD-w-Prozess werden miteinander verglichen. Ein Gesamtgestaltungsmodell für den Zweistrahl-LMD-w-Prozess, das die identifizierten Ursache-Wirkungs-Zusammenhänge berücksichtigt, wird erarbeitet. Dieses Modell baut auf die bereits existierenden Prozessmodelle des Einstrahl-Laserauftragschweißens und des Zweistrahl-Laserhartlötens auf.

Zur Validierung erfolgt in Kapitel 7 ein Transfer des Prozesses von einzelnen Schweißraupen zum Auftrag von 3D-Geometrien. Nachdem untersucht wurde, welchen Einfluss der Oberflächenzustand auf die Stabilität des mehrschichtigen Auftrags hat, wird erforscht, inwieweit die durch den Pulslaser einstellbaren Oberflächenrauheiten und -welligkeiten den dreidimensionalen Aufbau stabilisieren. Abschließend wird in Kapitel 8 die Industrierelevanz der Ergebnisse bewertet.

Basierend auf den durchgeführten experimentellen Untersuchungen wird diese Arbeit die Frage beantworten, wie stark und durch welche Wirkmechanismen der Zweistrahlprozess eine Stabilisierung des drahtbasierten Laserauftragschweißens für einen Werkzeugstahl ermöglicht. Der Werkstoff wird so gewählt, dass er eine gute Schweißbarkeit besitzt. Somit wird die Wahrscheinlichkeit des Auftretens werkstoffbedingter Störeinflüsse auf den Prozess reduziert. Die Betrachtung weiterer Werkstoffklassen ist nicht Teil dieser Arbeit, ebenso wenig die Übertragung des Ansatzes auf reale industrielle Fertigungsprozesse. Vielmehr stehen die Erlangung eines grundlegenden Prozessverständnisses und die grundsätzliche Eignungsbewertung eines neuartigen Prozessstabilisierungsansatzes im Vordergrund. Auf Grundlage der Untersuchungsergebnisse wird eine Aussage darüber getroffen, ob der Zweistrahl-Ansatz mittelfristig zur Prozessstabilisierung in industriellen Prozessen qualifizierbar ist. An dieser Stelle sei darüber hinaus darauf hingewiesen, dass in dieser Arbeit vordergründig stechende LMD-w-Prozesse untersucht werden. Vorversuche haben belegt, dass für den betrachteten Werkstoff der stechende Prozess eine höhere Prozessstabilität und erleichterte Implementierbarkeit im Vergleich zur schleppenden Konfiguration besitzt. Die Übertragbarkeit auf den schleppenden Prozess wird anhand von Stichproben überprüft. Die Erlangung des grundsätzlichen Effektverständnisses der Laserstrahl-Dampf-Material-Interaktion ist ohnehin unabhängig von dem Werkstoffauftrag.

4 Vorgehensweise und Betrachtungsrahmen

Approach and Framework

In diesem Kapitel werden die experimentelle Vorgehensweise der Untersuchungen dargelegt und das Betrachtungsfeld dieser Arbeit eingegrenzt. Die verwendeten Werkstoffe sowie die eingesetzten Untersuchungsmethoden und die Anlagentechnik werden beschrieben. Die Auswertung der auf dieser Grundlage durchgeführten Experimente erfolgt im anschließenden Kapitel.

4.1 Betrachtete Werkstoffe

Considered Materials

Der Zweistrahlprozess wurde ursprünglich für das flussmittelfreie Fügen von Aluminiumbasislegierungen entwickelt. Aluminium und seine Legierungen als Leichtbauwerkstoffe spielen besonders in der additiven Fertigung eine große Rolle. Allerdings werden die im ursprünglichen Zweistrahlprozess von DONST beobachteten Phänomene durch die Präsenz der natürlich vorhandenen Oxidschicht auf Aluminiumwerkstoffen beeinflusst. Um die Effekte unabhängig von oxidbedingten Einflüssen möglichst allgemein bewerten zu können, wurde in dieser Arbeit ein nicht von quasi-instantaner Oxidbildung behafteter Stahlwerkstoff verwendet. Stahl ist als vielseitig eingesetzter Werkstoff von hoher industrieller Relevanz und wird deshalb als Werkstoff für die additive Fertigung intensiv erforscht (siehe Kapitel 2.2). Eine Prozessstabilisierung für die LMD-w-Verarbeitung von Stahlwerkstoffen ist folglich höchst relevant, beispielsweise für Reparaturprozesse für Umformwerkzeuge aus Werkzeugstahl. In der Zukunft kann die Übertragbarkeit auf weitere Werkstoffklassen darüberhinausgehend erforscht werden.

Als Substratwerkstoff wurde für diese Arbeit der Baustahl 1.0570 ausgewählt, der aufgrund seines vergleichsweise geringen Kohlenstoffgehalts von 0,2 % und des Mangangehalts von 1,6 % eine gute Schweißbarkeit besitzt [WEGS16]. Eine Karbid- oder Martensitbildung während des Schweiß- oder Abkühlprozesses tritt bei diesem Werkstoff nur sehr eingeschränkt auf. Ein Reißen des Werkstücks in den Grundwerkstoff hinein aufgrund der entstehenden Eigenspannungen ist somit unwahrscheinlich. Als Zusatzwerkstoff wird in den Untersuchungen die Sonderlegierung QuFe13 der Firma QUADA LASERSCHWEIßDRAHT GMBH mit einem Drahtdurchmesser von 1,2 mm eingesetzt. Mit einem Kohlenstoffgehalt von 0,25 % und einem Mangangehalt von 0,7 % ist dieser Stahl ebenfalls gut schweißbar. Durch die Legierung mit den Karbidbildnern Chrom und Molybdän ist zusätzlich eine gute Gefüge- und Verschleißbeständigkeit sowie Temperaturstabilität gegeben [SCHU03], [BARG08]. QuFe13 wird deshalb insbesondere für die Herstellung, Beschichtung und Reparatur von mechanisch, thermisch und abrasiv belasteten Warmarbeitswerkzeugen eingesetzt [QUAD22]. Tabelle 4-1 gibt die chemische Zusammensetzung der beiden Werkstoffe an. Die Oberflächen der Substratwerkstoffe waren feingefräst.

Tabelle 4-1: Chemische Zusammensetzung der verwendeten Draht- und Substratwerkstoffe [QUAD22], [WEGS16].
Chemical composition of the used wire and substrate materials [QUAD22], [WEGS16].

Gew.-%	C	Si	Mn	Cr	Mo	Ti	P	S
QuFe13 (Quada)	0,25	0,5	0,7	5,0	4,0	0,6	-	-
1.0570	0,2	0,55	1,6	-	-	-	Max. 0,035	Max. 0,035

4.2 Verwendete Systemtechnik

System Technology

Im folgenden Teilkapitel werden die in der Arbeit verwendeten Anlagenkomponenten beschrieben. Dies sind insbesondere die Laserstrahlquellen und der Bearbeitungskopf.

4.2.1 Gesamtsystem, Kinematik und Laserstrahlquellen

Overall System, Kinematics and Laser Sources

Alle experimentellen Untersuchungen dieser Arbeit wurden auf einem 3 Achs-Bearbeitungssystem vom Typ Varilas der Firma HELD durchgeführt. Das System ermöglicht Linearverschiebungen in X-, Y- und Z-Richtung mit Vorschüben von bis zu 60000 mm/min. Zusätzlich ist auf dem XY-Tisch eine Dreh-Schwenkeinheit (A und C-Achse) angebracht, die rotatorische Bewegungen ermöglicht. Die Kinematik wird durch eine CNC-Steuerung der Firma BOSCH REXROTH GROUP vom Typ IndraMotion MTX 12 VRS gesteuert. Zusätzlich zur Kinematik erfolgt über das NC-Programm die Steuerung der Laser, des Drahtvorschubs sowie der Prozessgase. Der gesamte Schweißprozess bzw. die Analogieuntersuchungen werden also über die CNC-Steuerung abgebildet. Die Durchführung des Prozesses bzw. Versuchs erfolgt durch eine entsprechende Programmierung und daran angeschlossen ein automatisches Abarbeiten des Programms.

In Abbildung 4-1 ist das Gesamtsystem für die Zweistrahl-Bearbeitung inklusive aller relevanten Komponenten und Kommunikationsverbindungen dargestellt.

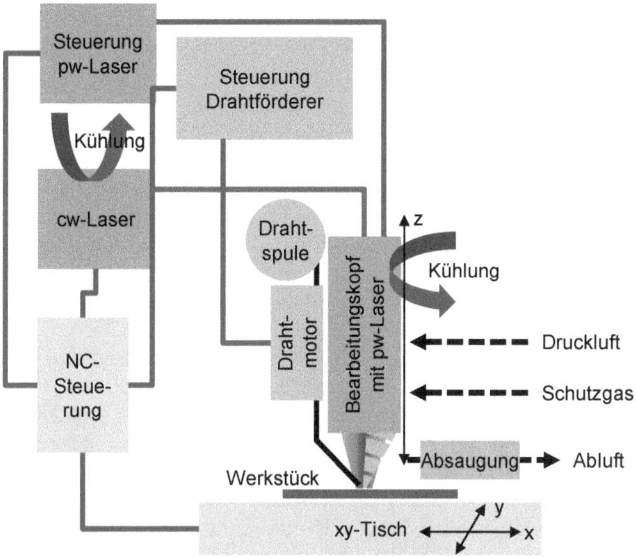

Abbildung 4-1: Schema des Zweistrahl-Bearbeitungssystems.
Scheme of the dual-beam processing unit.

Der Bearbeitungskopf (siehe Kapitel 4.2.2) ist direkt an der Z-Achse montiert, wobei die optische Achse des Systems zur Z-Achse um etwa 4° geneigt ist. Dadurch wird verhindert, dass ein Teil der Strahlung aus der Prozesszone in den Bearbeitungskopf zurückreflektiert wird und die optischen Komponenten beschädigt.

Für die kontinuierliche Drahtzufuhr in die Prozesszone wird das Drahtfördersystem MFS (Master Feeder System) V2 der Firma ALEXANDER BINZEL SCHWEISSTECHNIK GMBH & CO. KG, Buseck, verwendet. Zur Drahtfördergruppe gehört eine sogenannte E-Box, die die Analogsignale der NC-Steuerung empfängt und verarbeitet. Über eine Steuerleitung wird ein Motor (Master Feeder/MF 1) angesteuert, der den Draht mittels vier Förderrollen mit einem Durchmesser von 20 mm mit der eingestellten Vorschubgeschwindigkeit fördert. Es besteht die Möglichkeit, zwischen Drahtvorschub und Drahtrückzug zu wählen. Neben der externen Bedienung durch die NC-Steuerung kann der Drahtförderer manuell über Bedienknöpfe am Motor sowie ein zusätzliches, kabelgebundenes Handbedienpanel gesteuert werden. Im verwendeten Aufbau ist die Drahtspule oberhalb des Drahtmotors montiert. Der Draht wird direkt durch den Motor abgespult und nahezu vertikal in diesen hineingezogen. Zwischen Spule und Motor ist eine kleine Drahtrichteinheit angebracht, mit der die Vorverformung des Drahtes auf der Spule korrigiert wird. Der Motor schiebt den Draht in ein Schlauchpaket, durch das der Draht bis zur Drahtdüse in die Prozesszone geführt wird. Diese befindet sich unterhalb der Spulen-Motor-Einheit.

In dieser Arbeit wurden zwei verschiedene Laserstrahlquellen eingesetzt. Die erste ist ein kontinuierlicher Diodenlaser vom Typ LDF 5000-40 der Firma LASERLINE GMBH. Die maximale Gesamtleistung beträgt 5000 W und verteilt sich gleichmäßig auf die vier verfügbaren Wellenlängen 910, 940, 980 und 1030 nm, die alle im Infrarot- und somit im für den Menschen nicht sichtbaren Bereich liegen [HERI07]. Aufgrund der verwendeten optischen Komponenten, die eine Überlagerung des kontinuierlichen und des modulierten Laserstrahls mittels eines Strahlteilers nur ermöglichen, wenn die jeweiligen Wellenlängen ausreichend unterschiedlich sind (siehe Kapitel 4.2.2), wird die Wellenlänge von 1030 nm in der Lasersteuerung für die Zweistrahl-Versuche deaktiviert. Die maximal verfügbare kontinuierliche Laserleistung beträgt dadurch noch 3750 W. Der Dauerstrichlaser steht in einiger Entfernung zur Bearbeitungsanlage; die Zuführung des kontinuierlichen Laserstrahls erfolgt über eine Lichtleitfaser. Der zweite verwendete Laser ist eine modulierte Laserstrahlquelle der Firma EDGEWAVE GMBH (Modell InnoSlab IS20I-ET). Das laseraktive Medium ist in diesem Fall ein Nd:YAG-Kristall, der durch einen Diodenlaser angeregt wird. Die Ausgangswellenlänge ist 1064 nm und liegt somit ebenfalls im Infrarotbereich. Die maximale Durchschnittsleistung des modulierten Laserstrahls beträgt etwa 120 W. Regelgröße ist aufgrund der Laserkonfiguration der anliegende Diodenpumpstrom, der für das System zwischen 40 und 51 A wählbar ist. Die Pulsrepetitionsrate kann zwischen 5 und 10 kHz eingestellt werden. Je nach gewähltem Diodenpumpstrom und Frequenz variieren die Einzelpulsdauern laut Herstellerdatenblatt von 9 bis 32 ns. Es werden Einzelpulsenergien von bis zu 15 mJ erreicht. Um den Frequenzeinfluss auf den Prozess zu untersuchen, wurden aus dem verfügbaren Frequenzbereich des Lasers für diese Arbeit eine niedrige Frequenz (5 kHz), eine mittlere (7,5 kHz) und eine hohe (10 kHz) gewählt. Für diese Frequenzen wurde jeweils der gesamte verfügbare Diodenpumpstrom- bzw. Leistungsbereich betrachtet. Systembedingt ist für die Repetitionsrate von 5 kHz nur der untere Bereich der Diodenpumpströme bis 43 A verfügbar. Tabelle 4-2 zeigt für die drei Frequenzen und die jeweils einstellbaren Diodenpumpströme die Durchschnittsleistung des Lasers. Die Leistungen wurden im Vorfeld mit einem geeigneten Leistungsmesskopf experimentell ermittelt.

Tabelle 4-2: Zusammenhang zwischen den verfügbaren Vorgabeparametern Frequenz und Diodenpumpstrom und der ausgehenden pw-Laserleistung für den Pulslaser InnoSlab IS20I-ET der Firma EdgeWave (eigene Messung).

Relation between the available default parameters frequency and diode pump current and the outgoing pw laser power for the InnoSlab IS20I-ET pulsed laser from EdgeWave (own measurement).

Frequenz (Hz)	Diodenpumpstrom (A)	Durchschnittliche Leistung (W)
5000	40, 41, 42, 43	45, 53, 58, 63
7500	40, 41, 42, 43, 44, 45, 46, 47, 48, 49, 50, 51	48, 55, 62, 68, 74, 77, 81, 85, 88, 90, 93, 97
10000	40, 41, 42, 43, 44, 45, 46, 47, 48, 49, 50, 51	49, 55, 63, 70, 77, 81, 86, 89, 93, 98, 105, 110

Das Gehäuse des gepulsten Lasers ist Teil des Bearbeitungskopfes. Die elektrische Steuerung des Lasers befindet sich auf einem Rack neben der Bearbeitungsanlage. Die Steuersignale werden über eine Kabelverbindung an den eigentlichen Laser übertragen. Beide Lasersysteme werden kabelgebunden über Analogsignale von der NC-Kontrolleinheit angesteuert.

Abbildung 4-2 zeigt den Montagezustand des verwendeten Bearbeitungssystems mit den zuvor beschriebenen Komponenten. Eine detaillierte Beschreibung des Bearbeitungskopfes inklusive der zugehörigen Strahlengänge für den pw- und cw-Laserstrahl findet sich im folgenden Teilkapitel.

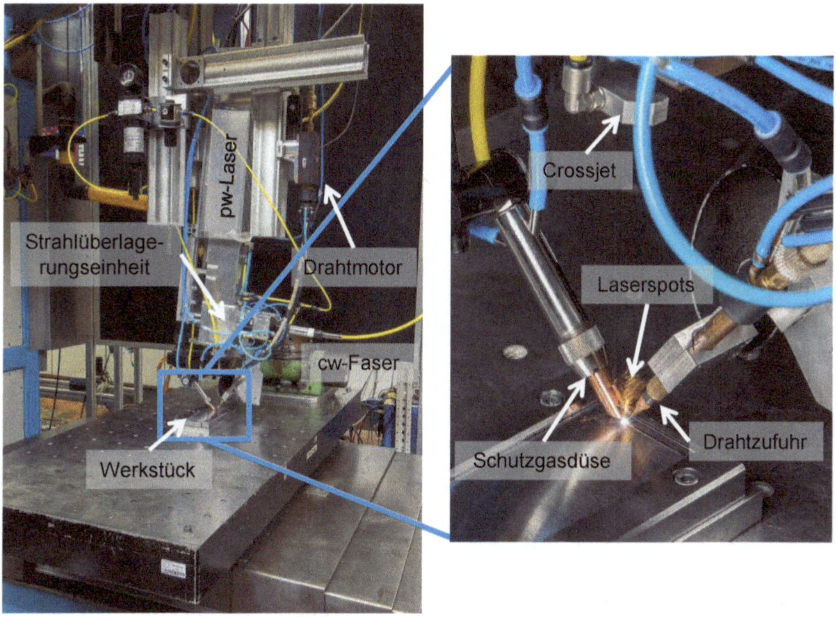

Abbildung 4-2: Zweistrahl-Bearbeitungskopf und Bearbeitungskinematik (links), Detailansicht der Prozesszone (rechts).
Dual-beam processing head and kinematics (left), detailed view of the processing zone (right).

4.2.2 Bearbeitungskopf
Processing Head

Unter „Bearbeitungskopf" werden in dieser Arbeit alle Bauteile und optischen Komponenten verstanden, die zur Strahlführung und -fokussierung sowie Draht- und Schutzgaszufuhr in die eigentliche Prozesszone erforderlich sind. Im Vergleich zu anderen lateralen LMD-w-Bearbeitungsköpfen unterscheidet sich der Zweistrahl-Aufbau nicht wesentlich in Bezug auf die

Draht- und Schutzgaszuführung, sondern insbesondere bezüglich der Strahlführung. Der grundlegende Aufbau und die wesentlichen optischen Komponenten werden im Folgenden erläutert.

Abbildung 4-3 zeigt eine technische Zeichnung der Strahlüberlagerungseinheit im Querschnitt (a) und als 3D-Darstellung (b). Zusätzlich ist die geometrische Anordnung der Brennflecke in der Arbeitsebene dargestellt (c).

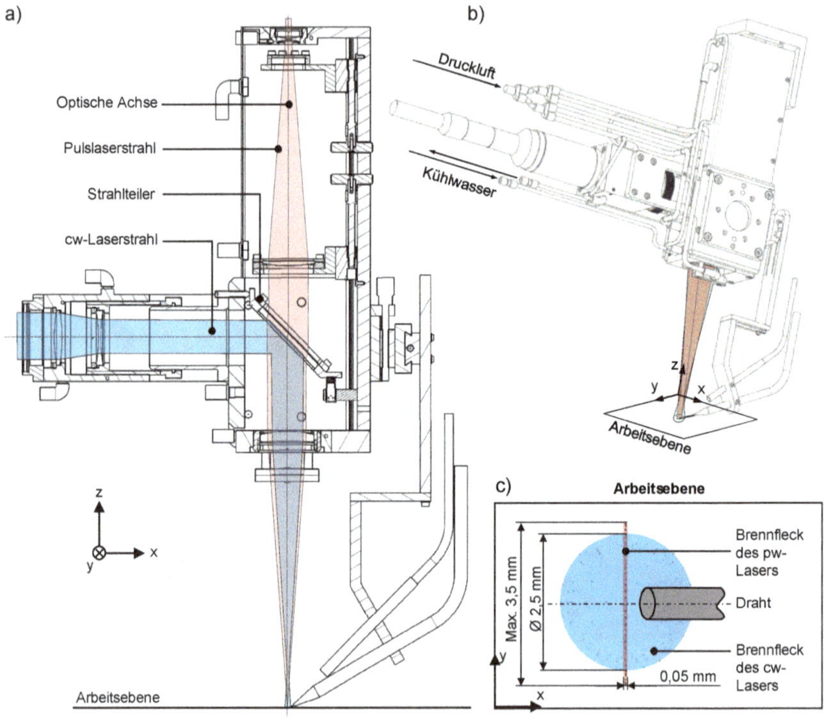

Abbildung 4-3: a) Technische Zeichnung (mit Strahlengängen) des Bearbeitungskopfes, b) 3D-Darstellung, c) geometrische Anordnung der Brennflecke in der Arbeitsebene nach [DONS12].

a) Technical drawing (with beam paths) of the processing head, b) 3D representation, c) geometric arrangement of the focal spots in the working plane according to [DONS12].

Die Untersuchungen, die zur Entwicklung dieses Kopfkonzeptes geführt haben, sind [DONS12] zu entnehmen. Die Strahlengänge des Pulslasers (rot) und des cw-Lasers (blau) sind farblich hervorgehoben. Der Bearbeitungskopf ist ein gegenüber der Umgebungsatmosphäre abgeschlossenes System. Dies verhindert zum einen Verunreinigungen durch Staub und andere Partikel im Strahlengang oder auf den optischen Komponenten. Zum anderen dient es dem Strahlenschutz und erhöht die Sicherheit bei der Bedienung der Anlage durch das Abschirmen von (Streu-)Reflexionen.

Der kontinuierliche Laserstrahl wird an der linken Seite (Abbildung 4-3 a)) durch den Lichtwellenleiter (Faser) in den Laserkopf eingekoppelt. Zunächst erfolgt durch eine Kollimatorlinse (f = 100 mm) eine Aufweitung des kontinuierlichen Strahls in einen parallelen Strahl. Danach wird der Strahl in ein Teleskop, bestehend aus einer Sammel- und Zerstreuungslinse, geführt. Die Position der Zerstreuungslinse (f = -100 mm) relativ zur Sammellinse (f = 150 mm) ist veränderbar. Dies ermöglicht im Falle eines konstanten Arbeitsabstands die Variation des Brennfleckradius. Der Pulslaser (Modell InnoSlab IS20I-ET) ist starr mit der Strahlüberlagerungseinheit verbunden und mit dieser an der Z-Achse der Bearbeitungskinematik befestigt. Der Pulslaserstrahl verlässt das eigentliche Lasergehäuse und betritt im Anschluss die Strahlüberlagerungseinheit oben durch eine Zerstreuungslinse (f = - 40 mm). Der Strahl wird aufgeweitet und durch eine Zylinderlinse (f = 60 mm) geführt, deren Position relativ zur Zerstreuungslinse verändert werden kann. Die Position der Zylinderlinse bestimmt die resultierende Brennfleckgeometrie des modulierten Laserstrahls auf der Werkstückoberfläche. Die Breite des Brennflecks kann so von minimal 360 µm auf maximal 3,5 mm vergrößert werden. Der aufgeweitete Pulslaserstrahl durchläuft eine weitere Zylinderlinse (f = 250 mm) und trifft auf einen Strahlteiler. Ab dem Strahlteiler ist der Strahlengang für Puls- und kontinuierlichen Laserstrahl identisch.

Der zur Überlagerung von pw- und cw-Strahlen eingesetzte Strahlteiler ist ein dichroitischer Spiegel mit wellenlängenabhängigen Reflexionseigenschaften. In Abhängigkeit von der Wellenlänge des auftreffenden Lichts besitzt dieser Spiegel entweder einen Reflexions- oder Transmissionsgrad von nahezu 100 % [HIBB04]. Voraussetzung für den Einsatz als Strahlteiler ist, dass sich die Wellenlängen der Laserstrahlen ausreichend unterscheiden. Dies ist für die pw- und die drei cw-Wellenlängen in dieser Arbeit der Fall.

Eine Fokussierlinse (Achromat) (f = 250 mm) fokussiert das transmittierte beziehungsweise reflektierte Strahlenbündel auf die Arbeitsebene. Dank der verschiebbaren optischen Komponenten sind unterschiedliche Konfigurationen von Brennfleckgeometrien und relativer Position der beiden Brennflecke zueinander in der Arbeitsebene möglich. In dieser Arbeit wurde durch entsprechende Positionierung der beweglichen Linsen wie oben beschrieben für den Dauerstrichlaser ein kreisförmiges Profil mit 2,5 mm Durchmesser und für den Pulslaser ein rechteckiges Profil mit 2,5 mm Länge und 50 µm Breite eingestellt. Während im cw-Brennfleck eine gaußförmige Intensitätsverteilung vorherrscht, besitzt die des pw-Lasers ein Tophat-Profil mit annähernd konstanter Intensität über den Querschnitt. Die Intensitätsverteilungen wurden im Vorfeld experimentell mit einem FokusMonitor-System der Firma PRIMES bestimmt. Für die Zweistrahl-Experimente wurde eine Position des Pulslaserbrennflecks mittig in dem kreisförmigen Brennfleck des kontinuierlichen Lasers gewählt. Das rechteckige Pulslaserprofil steht dabei senkrecht zur Schweißrichtung beziehungsweise der Schweißraupe.

Unterhalb des Strahlausgangs für die beiden Laserstrahlen ist eine Druckluftdüse, der sog. Crossjet, montiert, der einen kontinuierlichen Luftstrom parallel zur Bearbeitungsfläche erzeugt. Der Druckluftstrom verhindert, dass Partikel wie Funken oder Rauch aus dem Schweißprozess in den

Bearbeitungskopf gelangen bzw. sich auf dem an der Unterseite angebrachten Schutzglas absetzen. Anhaftende Partikel könnten Schäden an den optischen Komponenten verursachen, da sie zum Beispiel eine ungewollte Absorption oder Reflexion des Laserstrahls anstatt der gewünschten Transmission begünstigen. Eine Absaugeinheit entfernt kontinuierlich den möglicherweise entstehenden Schweißrauch aus der Prozesszone.

Als Schutzgas kommt das Inertgas Argon zum Einsatz, das dem Prozess lokal über eine Düse zugeführt wird. Durch die Argon-Spülung wird verhindert, dass Sauerstoff in der Prozesszone bei der Erstarrung der Schmelze zur Oxidation der Schweißraupen führt. Eine Oxidation mindert in der Regel die Oberflächenqualität und verursacht Verunreinigungen, die insbesondere beim mehrlagigen Aufbau auf oxidierte Schichten die erreichten Werkstoffeigenschaften negativ beeinflussen. Alternativ wären auch reaktive Schutzgase wie Stickstoff möglich. Je nach verarbeitetem Werkstoff können solche Reaktivgase allerdings zu unerwünschten Reaktionen führen; bei Inertgasen tritt dies nicht auf. Anders als in der ursprünglichen Auslegung des Bearbeitungskopfes (Abbildung 4-3) wurde das Schutzgas in dieser Arbeit über eine der Drahtdüse gegenüberliegende Düse zugeführt, wie es in Abbildung 4-2 erkennbar ist. In Vorversuchen wurden mit entgegengesetzten Düsen Prozessergebnisse von besserer Qualität erzielt. Auf Grundlage von Vorversuchen wurde ebenfalls festgelegt, den Draht in einem Winkel von 30° zur optischen Achse zuzuführen. Die Drahtdüse wurde entsprechend positioniert. Daraus ergibt sich aufgrund der Neigung des gesamten Bearbeitungskopfes zur Z-Achse ein Winkel von 56° zwischen Draht und Substratoberfläche.

Die Fokussiereinheit für den cw-Laserstrahl, die Drahtdüse sowie die Schutzgasdüse sind wassergekühlt. Ein gesonderter Kühlwasserkreislauf kühlt den pw-Laser. Zusätzlich wird die Überlagerungseinheit für beide Laserstrahlen mit gefilterter Druckluft gekühlt.

4.3 Analyse- und Untersuchungsmethoden

Investigation Methods

In dieser Arbeit wurden verschiedene experimentelle Methoden eingesetzt, um die Wirkung des modulierten Laserstrahls auf den Auftragschweißprozess zu erforschen.

Die durchgeführten Versuche zur pw-induzierten Veränderung der Temperaturfelder und der Schmelzbadgeometrie können in zwei Oberkategorien eingeordnet werden. Dabei handelt es sich einerseits um Analogieversuche ohne Materialauftrag, bei denen die physikalischen Effekte grundsätzlich nachgewiesen, quantifiziert und erklärt werden. Die entsprechenden Prüfstände werden in Kapitel 4.3.1 beschrieben. Andererseits wurden Auftragschweißversuche durchgeführt, bei denen eine *in-situ*-Untersuchung des pw-Einflusses auf den realen Schweißprozess stattfand. Es wurden unterschiedliche Messtechniken eingesetzt, um den Prozess und die erzeugten Proben umfassend zu bewerten. Die Beschreibung erfolgt in Kapitel 4.3.2. Neben der Zuordnung zu Analogie- oder Auftragschweißversuchen können die verwendeten Versuchsaufbauten sowie die eingesetzten Sensor- und Messsysteme danach kategorisiert werden, ob sie zum Verständnis der Kraft- oder der Absorptionswirkung beitragen.

4.3.1 Analogieprüfstände

Analogy Test Benches

Im Folgenden werden die zur Grundlagenuntersuchung der Effekte eingesetzten Analogieprüfstände und ihre Funktionsweisen beschrieben.

Absorptionsmessung im Kalorimeter-Versuch

Der Analogieversuch zur Ermittlung des Einflusses des modulierten Laserstrahls auf die Absorption der Prozessenergie wurde mit einem kalorimeterähnlichen Aufbau (siehe Abbildung 4-4) durchgeführt.

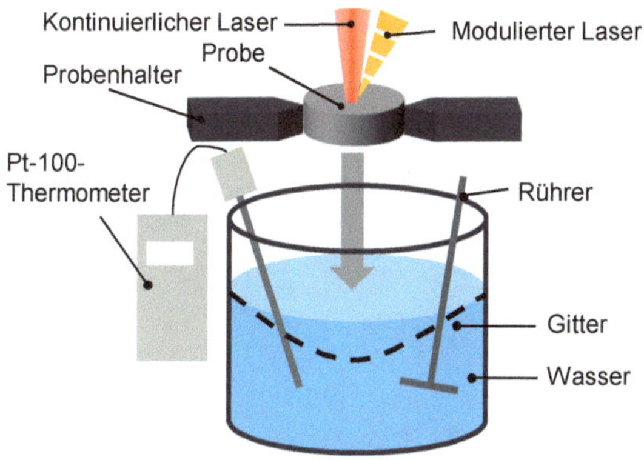

Abbildung 4-4: Verwendeter Analogieprüfstand zur Absorptionsmessung (Kalorimeter-Versuch).

Analogy test rig used for absorption measurement (calorimeter test).

Kleine Rundproben aus 1.0570 mit einem Durchmesser von 30 mm und einer Dicke von 5 mm werden von einer Einspannvorrichtung in der Fokuslage von pw- und cw-Laser gehalten. Unterhalb der Probe befindet sich ein Isoliergefäß mit einem Wasserbad (Volumen: 600 ml) bei einer Raumtemperatur von 21 °C. In dem Gefäß ist unterhalb des Wasserspiegels auf mittlerer Höhe ein Auffanggitter für die Probe angebracht. Des Weiteren ist eine Rührvorrichtung integriert. Die Probe wird mit beiden Laserstrahlen bei einer Maschinenvorschubgeschwindigkeit von 500 mm/min bearbeitet. Nach einer festgelegten Bearbeitungszeit von 40 s fällt die Probe automatisiert durch Öffnen der druckluftbasierten Halterung in das Wasserbad. Das Gefäß wird mit einer isolierenden Abdeckung verschlossen und der Rührer betätigt. Mithilfe eines Pt-100-Thermometers wird der Temperaturanstieg der Flüssigkeit gemessen, bis eine konstante bzw. maximale Temperatur erreicht wird. Aus dieser Temperatur wird im Folgenden die von der Probe tatsächlich absorbierte Laserenergie E_A berechnet. Auf Grundlage der Energiebilanz wird für den Zusammenhang zwischen E_A und der Wasserendtemperatur T_E folgende Gleichung (4-1) hergeleitet (siehe Anhang B).

$$E_A = m_L c_L (T_E - T_{0,L}) + m_s c_s (T_E - T_{0,S}) \tag{4-1}$$

m_L und m_S sind die jeweiligen Massen von Flüssigkeit (liquid) und Probe (sample), C_L and C_s die zughörigen spezifischen Wärmekapazitäten und $T_{0,L}$ and $T_{0,S}$ die initialen Temperaturen von Wasser und Probe.

Auf Basis der von den Lasern insgesamt zugeführten Prozessenergie wird schließlich ein effektiver Absorptionskoeffizient α_{eff} für beide Laserstrahlen nach Gleichung (4-2) kalkuliert. P_L ist in diesem Fall die kumulierte Leistung beider Laserstrahlen und t_A die Bestrahlungszeit.

$$E_A = \alpha_{eff} P_L t_A \tag{4-2}$$

Kraftmessung mit Kugelbahn- und Feinwaagenversuch

Zum Nachweis der pw-induzierten Kraftwirkung wurden zwei Analogieversuchsaufbauten verwendet, die schematisch in Abbildung 4-5 gezeigt sind.

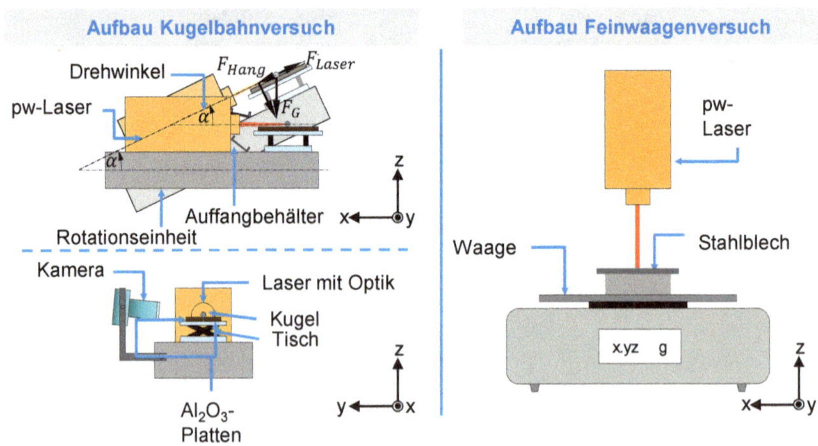

Abbildung 4-5: Verwendete Analogieprüfstände zur Kraftmessung: Kugelbahnversuch (links) und Feinwaagenversuch (rechts).
Analogy test rigs used for force measurement: ball run test (left) and fine balance test (right).

Der erste wird im Folgenden als Kugelbahnversuch bezeichnet, der zweite als Feinwaagenversuch. Im Kugelbahnversuch ist der Pulslaser im Ausgangszustand horizontal auf einer Dreh-Schwenk-Einheit montiert. Eine Stahlkugel (Durchmesser 5 mm) wird in den Strahlengang eingebracht. Zwei ebenfalls auf dem Schwenktisch nebeneinander liegende Platten aus Aluminiumoxid (Al_2O_3) sorgen dafür, dass eine Kugelbewegung ausschließlich in der Rille zwischen den Platten und entlang der optischen Achse des Laserstrahls erfolgen kann. Anschließend wird der Kippwinkel des schwenkbaren Tischs mit konstanter Kippgeschwindigkeit erhöht. Die Kugel rollt zunächst in Richtung des Lasers, wird allerdings, sobald sie in die Fokuslage gelangt, durch die pw-induzierten Kräfte die schiefe Ebene hinaufgeschoben. Bei zunehmendem Kippwinkel werden die Abstände zwischen Herunterrollen und Rückstoß kleiner, da die durch die Kugel erfahrene Hangabtriebskraft stetig zunimmt. Bei einem kritischen Winkel übersteigt die Hangabtriebskraft die pw-induzierte Rückstoßkraft und die Kugel fällt herunter. Aus dem Kräftegleichgewicht in diesem Punkt kann die pw-induzierte Rückstoßkraft ermittelt werden. In Vorversuchen wurde ermittelt, dass der durch Verdampfung induzierte Gewichtsverlust der Kugel nicht ausreicht, um eine signifikante Änderung der vorherrschenden Kräfte hervorzurufen.

Im Feinwaagenversuch ist der Pulslaser vertikal montiert, so wie es im realen Auftragschweißprozess der Fall ist. Unterhalb des Pulslasers befindet sich das zu bearbeitende Blech, das auf einer Feinwaage platziert ist. Es wird sichergestellt, dass eine Tischbewegung ohne Laserbearbeitung nicht zu einem Ausschlag der Waage führt. Im Versuch wird der Achstisch bei gleichzeitigem Betrieb des Pulslasers linear verfahren. Im Bereich der Bearbeitungsspur kommt es zur Verdampfung von oberflächennahem Werkstoff. Die Tischbewegung ist erforderlich, da aufgrund der kleinen Rayleighlänge des pw-Laserstrahls von nur etwa 0,1 mm bereits nach einer kurzzeitigen stationären Bearbeitung kein Werkstoff mehr in der Fokuslage vorhanden ist und somit keine weitere Verdampfung erfolgt. Wird der Tisch bewegt, wird durch den Pulslaser kontinuierlich Material in den zuvor nicht bearbeiteten Bereichen abgetragen. Aufgrund der pw-induzierten Verdampfung und der daraus resultierenden Rückstoßkraft kommt es zu einem Ausschlag der Waage. Das Waagensignal wird anschließend in eine Kraft umgerechnet.

4.3.2 LMD-w-Prozess- und Probencharakterisierung

Characterization of LMD-w Processes and Samples

Bei den realen Prozessuntersuchungen wurden mehrere Sensor- bzw. messtechnische Systeme parallel zur *in situ*-Beobachtung des Prozesses eingesetzt und die hergestellten Proben im Anschluss *ex situ* charakterisiert.

Abbildung 4-6 zeigt den experimentellen Aufbau für die Auftragschweißversuche mit den drei Haupt-*in situ*-Messinstrumenten (IR-Kamera, Highspeed-Kamera und OBR-Messplatten).

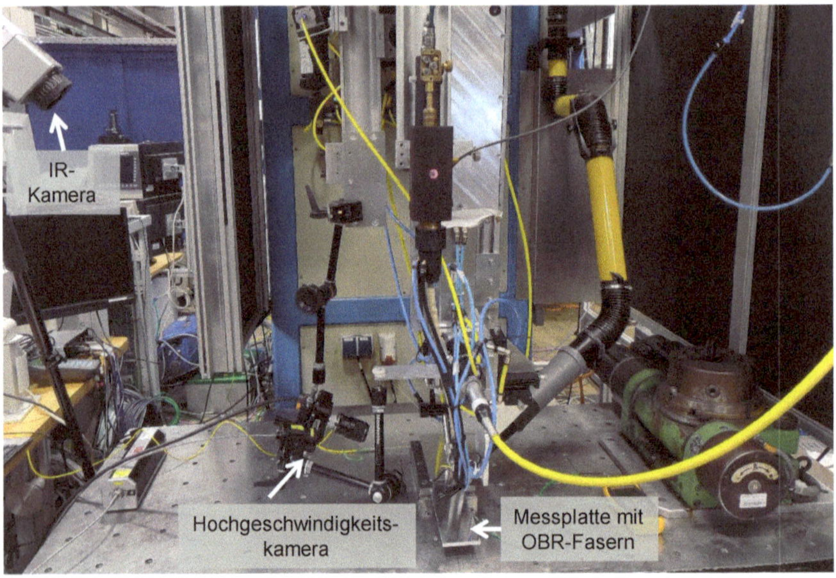

Abbildung 4-6: Messtechnischer Gesamtaufbau mit Infrarot-Kamera, Hochgeschwindigkeitskamera und OBR-Temperaturmessaufbau.
Overall metrological setup with infrared camera, highspeed camera and OBR temperature measurement setup.

Hochgeschwindigkeitskamera

Zu den *in situ*-Messsystemen gehört ein Hochgeschwindigkeitskamerasystem, mit dem Prozessaufnahmen bei einer Bildrate von bis zu 10 kHz realisiert werden können. Anhand der Hochgeschwindigkeitsaufnahmen wird das Schmelzbadverhalten bewertet und die Größe der pw-induzierten Dampfwolke ermittelt. Das eingesetzte Highspeed-Kamerasystem trägt den Markennamen Lightning RDT^{Plus} und wird von der Firma **BFI Optilas GmbH** vertrieben. Um sicherzustellen, dass die Aufnahmen nicht durch das helle Schmelzbad oder das abgestrahlte Licht des verdampften Werkstoffs überbelichtet werden, wird ein spezieller Filter an dem Kameraobjektiv montiert, der nur für einen engen Spektralbereich transparent ist. Zusätzlich wird ein Beleuchtungslaser vom

Typ CAVILUX der Firma CAVITAR LTD. eingesetzt, der Licht ebendieser Wellenlänge emittiert. Über eine Lichtleitfaser und eine Fokussieroptik wird das Licht des Beleuchtungslasers auf den Bearbeitungsbereich gelenkt. Ist der Beleuchtungslaser aktiv, nimmt die Kamera ausschließlich das Laserlicht auf, das aus der Prozesszone reflektiert wurde. Zu beachten ist, dass die Arbeitsfrequenz des Belichtungslasers mindestens so hoch wie die gewählte Aufnahmebildrate der Kamera ist. Es zeigte sich, dass Beobachtungen des Prozesses beispielsweise mit 5000 Hz Belichtungsfrequenz und ebenso großer Bildrate für die meisten Prozessbeobachtungen zu zeitlich ausreichend aufgelösten Aufnahmen führen. Mithilfe des Hochgeschwindigkeitssystems wurden zunächst Aufnahmen eines reinen pw-Prozesses ohne Materialauftrag angefertigt. Ziel war die Ermittlung der Größe der erzeugten Dampfwolke in Abhängigkeit von der verwendeten pw-Leistung und -Frequenz. Auf den Aufnahmen war die Dampfwolke als einziger heller Bildbereich identifizierbar, da von der Umgebung und der Substratplatte kein Licht emittiert wurde. Mithilfe des Bildbearbeitungsprogramms ImageJ wurde im Anschluss der relative Anteil der hellen Pixel ermittelt, um qualitativ Rückschlüsse auf das erzeugte Dampfvolumen zu ziehen. Es sei darauf hingewiesen, dass der gewählte Filter einen erheblichen Einfluss auf die tatsächlich ermittelte Dampfwolkengröße besitzt. Aus diesem Grund wird diese Messung nur zum relativen Vergleich zwischen den Versuchen dieser Arbeit eingesetzt.

Im Rahmen der anschließenden Zweistrahl-LMD-w-Versuche wurde das Kamerasystem eingesetzt, um das dynamische Schmelzbadverhalten zu analysieren. Einerseits wurde videogestützt die Amplitude und Frequenz der Schmelzbadbewegungen bewertet. Andererseits wurde die durch die pw-induzierte Dampfwolke beeinflusste Form der voranschreitenden Schmelzbadfront analysiert. Dazu wurden ebenfalls mit ImageJ Kreisbögen an das Schmelzbad angefittet und ihr Radius ausgewertet. Somit sind Rückschlüsse auf den Zusammenhang zwischen pw-induzierter Kraft, der entstehenden Dampfwolke und der resultierenden Schmelzbadform möglich.

Optische Rückstreureflektometrie und IR-Thermografie

Zur Ermittlung der Prozesstemperatur wurden eine Infrarot-Thermokamera und ein optisches Rückstreureflektometer (Optical Backscatter Reflectometer – OBR) eingesetzt. Die OBR-Messungen zur Bestimmung der inneren Werkstücktemperatur stellen ein Novum dar, da die Erfassung solcher Temperaturdaten während LMD-Prozessen bisher in der Literatur nicht beschrieben ist. Die gesichteten Veröffentlichungen beziehen sich grundsätzlich auf Oberflächentemperaturdaten. Das verwendete OBR-Modell ist das OBR 4600 der Fima LUNA. Zur Temperaturmessung mit dem OBR wird eine Glasmessfaser mäanderförmig in das Werkstück eingebracht, wie es Abbildung 4-7 zeigt.

Dazu wurden Kanäle von 1 mm Tiefe in die Oberseite einer 8 mm dicken 1.0570-Platte gefräst, in die die Faser eingeklebt wurde. Um Messungen der Temperaturprofile sowohl in Schweißrichtung als auch senkrecht dazu durchzuführen, wurden, wie in Abbildung 4-7 sichtbar, zwei verschiedene Faserorientierungen verwendet. Anschließend wurde Wärmeleitpaste auf die Oberfläche aufgetragen und eine weitere 8 mm dicke Werkstückplatte auf die Messplatte gelegt. Die Platten wurden zusammen verspannt. Auf der oberen Platte erfolgten die Auftragschweißversuche.

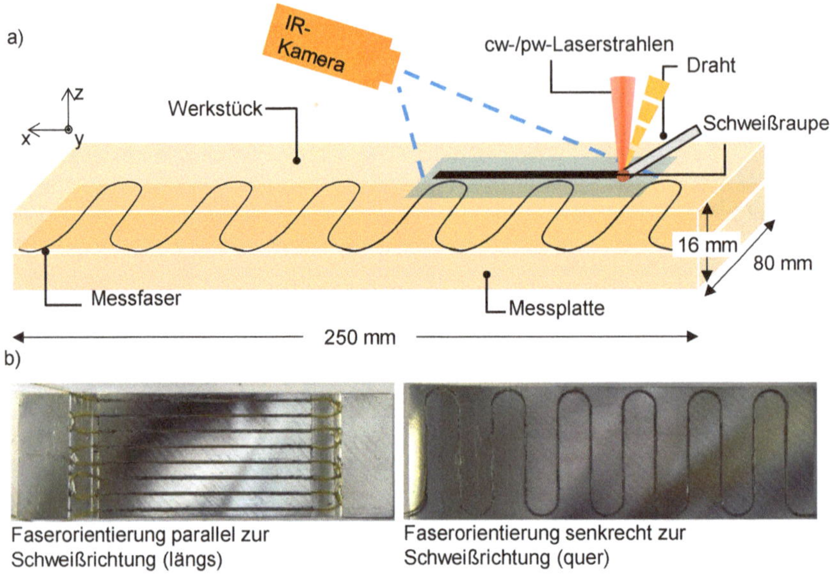

Abbildung 4-7: a) Messaufbau zur Temperaturmessung mit eingeklebten Messfasern zur OBR-Messung und gleichzeitiger IR-Kamera-Messung (Schema). b) Ansicht der in die Messplatten eingeklebten Glasmessfasern (Orientierung in Längs- und Querrichtung).

a) Measurement setup for temperature measurement with glued measurement fibers for OBR measurement and parallel IR camera measurement (schematic). b) View of the glass measurement fibers glued into the measurement plates (orientation in longitudinal and transversal direction).

In den verwendeten Glasmessfasern mit Durchmesser 125 µm ist ein Fiber Bragg Grating (FBG) eingebracht. Das FBG ist als periodische Modulation des Brechungsindexes der Faser definiert. Wird in die Messfasern ein polychromatisches Messsignal eingestrahlt, kommt es an den Grenzflächen zwischen den Bereichen mit unterschiedlichen Brechungsindizes zur Totalreflexion der Wellenlänge, für die aufgrund der Gitterkonstante des FBG die Bragg-Bedingung für konstruktive Interferenz erfüllt ist (siehe Abschnitt B im Anhang). Das restliche Licht wird transmittiert. Ein Sensor erfasst die Wellenlänge des reflektierten Lichts. Wird die FBG-Gitterkonstante durch thermische oder mechanische Dehnung verändert, tritt über die Bragg-Bedingung eine Frequenzverschiebung der reflektierten Wellenlänge auf. Analog trägt eine temperaturabhängige Änderung des Brechungsindexes zur Frequenzverschiebung bei. Die Größe der Frequenzverschiebung ist ein Maß für die Stärke der aufgetretenen Dehnung bzw. Temperaturänderung. Aufgrund der Laufzeit des Messsignals in der Faser kann außerdem der Ort der Dehnung oder Temperaturänderung hochgenau bestimmt werden. Somit können insgesamt kleinste Dehnungen und ihre Position genau ermittelt werden. Das OBR 4600 besitzt eine bestmögliche Ortsauflösung von 10 µm bei einer Abtastrate von 0,5 Hz. Die in dieser Arbeit eingesetzten Fasern waren 2,5 m lang. Für die gewählte mittlere Wellenlänge von $\lambda_C = 1306$ nm und den Wellenlängen-Scanbereich von $\Delta\lambda = 62{,}76$ nm ergibt sich bei einer Abtastrate von 0,5 Hz eine maximale Ortsauflösung von 20 µm. Durch eine im Vorfeld durchgeführte Kalibrationsmessung mit einer Präzisionsheizplatte bei zusätzlicher Temperaturmessung mit einer IR-Kamera wurden die Faserdehnungen in den Messplatten Temperaturwerten zugeordnet. Somit ist der beschriebene Aufbau zur indirekten Temperaturmessung in der Versuchsplatte geeignet. Die Kalibrationskurve ist in Abbildung C-1 im Anhang gezeigt.

Parallel zu den OBR-Temperaturmessungen innerhalb des Werkstücks wird eine Temperaturmessung an der Werkstückoberfläche mithilfe einer Infrarotkamera durchgeführt (Typ VarioCAM HD head der Firma INFRATEC GMBH). Es wurde auf eine herstellerseitig bereitgestellte Kalibrationsdatei zurückgegriffen, deren Eignung für den betrachteten Temperaturbereich zuvor mithilfe o.g. Präzisionsheizplatte und eines taktil angebrachten Thermoelements geprüft wurde. Zur Datenauswertung wurde basierend auf Literaturwerten eine Emissivität von 0,5 gewählt.

Oberflächencharakterisierung und Metallografie

Nach dem Auftragschweißen wurden die Proben *ex situ* charakterisiert. Zur äußeren Oberflächencharakterisierung wurde optische Tiefenschärfemikroskopie eingesetzt. Das verwendete Gerät war das INFINITEFOCUS G5 der Alicona Imaging GmbH, Raaba, Österreich. In diesem Messverfahren wird durch die diskrete Fokussierung auf unterschiedliche Oberflächenpunkte entlang der Z-Achse ein 3D-Profil der Oberfläche erstellt. Dadurch werden Änderungen in der Oberflächenbeschaffenheit optisch erfasst. Im Rahmen dieser Arbeit wurde die Tiefenschärfemessung verwendet, um die Schweißraupenquerschnittsgeometrien zu ermitteln und die Oberflächenrauheit der einzelnen Schweißraupen zu erfassen. Ebenso wurden beim Schicht- und dreidimensionalen Aufbau die Oberflächenwelligkeit und -konturabweichung optisch gemessen.

Daneben erfolgte eine metallografische Analyse der hergestellten Proben im Querschliff. Die metallografische Analyse erlaubt eine Verifizierung der optisch bestimmten Schweißraupengeometrie oberhalb des Substrats und darüber hinaus eine Bestimmung der Stärke der Durchmischung zwischen Substrat- und Zusatzwerkstoffschmelze. Poren in der Schweißraupe, Risse und Anbindungsfehler können festgestellt werden. Eine Bewertung der Gefügeveränderung in der Wärmeeinflusszone (WEZ) des Grundwerkstoffs ist ebenfalls möglich. Um die verschiedenen Gefügebestandteile in der optischen Mikroskopie sichtbar zu machen, werden die Proben nach Einbetten, Schleifen und Polieren geätzt. Abhängig von der verwendeten Ätzlösung werden bestimmte Gefügebestandteile stärker angeätzt als andere. Ein Beispiel dafür ist die stärkere chemische Reaktion von kohlenstoffhaltigen Phasen in Stählen beim Ätzen mit V2A-Beize. Diese Phasen, die u.a. besonders konzentriert in den Korngrenzbereichen auftreten, werden durch die Beize aufgelöst. Die Oberfläche erscheint in diesen Bereichen nach der Ätzung bei der Bestrahlung mit Licht dunkler als die weniger stark angeätzten Bereiche. Auf diese Weise ist eine Unterscheidung der verschiedenen Bestandteile und zusätzlich die Größe der vorhandenen Körner möglich.

5 Untersuchung der physikalischen Einzeleffekte

Analysis of the Individual Physical Effects

In diesem Kapitel erfolgt die Darstellung, Auswertung und Interpretation der Ergebnisse aus den Untersuchungen zur Wirkung des modulierten Laserstrahls auf den Zweistrahl-Auftragschweiß-prozess für Einzelschweißraupen. Diese Ergebnisse bilden die Grundlage für die Untersuchung der Effektinteraktion in Kapitel 6 und für die Validierung anhand des 3D-Aufbaus, der Gegenstand von Kapitel 7 ist.

Wie bereits in Kapitel 2.4 erläutert, sind die aus dem Zweistrahl-Laserhartlöten bekannten verdampfungsinduzierten Effekte (Änderung der Absorptionseigenschaften im Dampf und Kraftwirkung durch den Expansionsdruck) für das Laserauftragschweißen mit Draht relevant. Abbildung 5-1 zeigt schematisch die durch die modulierte Laserstrahlung verursachte Entstehung der Dampfwolke und deren anschließende Wechselwirkung mit der Umgebung.

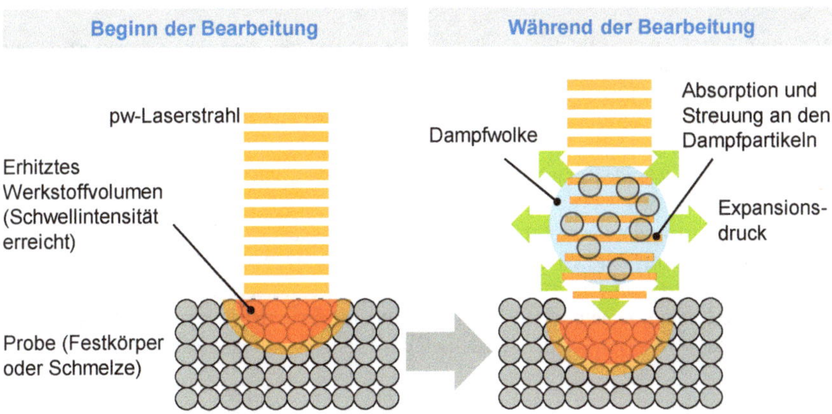

Abbildung 5-1: Prinzipschaubild zur Dampfwolkenbildung und ihren physikalischen Einflüssen.
Principle diagram of vapor cloud formation and its physical influences.

Beide Effekte werden in diesem Kapitel experimentell untersucht.

5.1 Phänomenologische Betrachtung des Pulslasereinflusses auf die Absorption

Phenomenological Investigation of the Pulsed Laser Influence on Absorption

Der erste durch den modulierten Laserstrahl induzierte Effekt ist die Veränderung der Absorptionseigenschaften. In diesem Unterkapitel wird die Beeinflussung des Absorptionskoeffizienten durch die pw-induzierte Dampfwolke ohne Materialauftrag phänomenologisch nachgewiesen, quantifiziert und interpretiert, bevor im folgenden Teilkapitel eine Übertragung auf die Werkstücktemperatur im Zweistrahl-LMD-Prozess erfolgt.

Zur phänomenologischen Betrachtung des Absorptionskoeffizienten wurde der in Kapitel 4.3.1 beschriebene kalorimeterähnliche Analogieprüfstand eingesetzt. Die scheibenförmigen Proben wurden 40 s lang ohne Unterbrechung mit beiden Laserstrahlen bearbeitet. Das auf der Probe abgefahrene Bahnmuster bestand aus miteinander verschalteten Rechtecken, wie es Abbildung 5-2 zeigt.

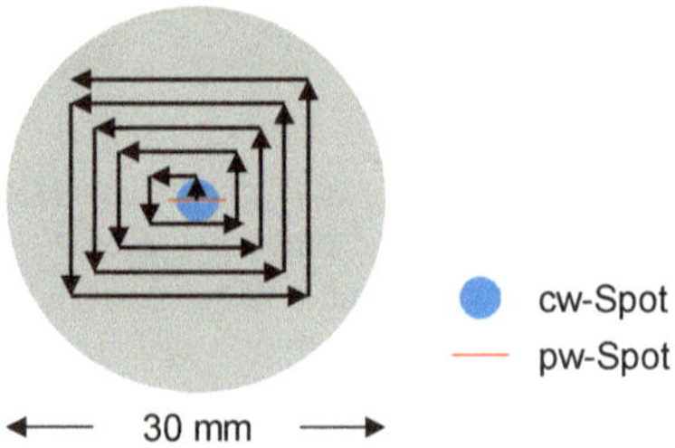

Abbildung 5-2: Bahnmuster für die Rundprobenbearbeitung im Kalorimeterversuch (keine Drahtzufuhr, Bearbeitungszeit 40 s, Vorschubgeschwindigkeit 500 mm/min, cw-Leistung 400 W).

Tool path for round sample processing in calorimeter experiments (no wire feed, processing time 40 s, machine feeding rate 500 mm/min, cw power 400 W).

Die eingestellte cw-Laserleistung war 400 W, die pw-Laserparameter wurden gemäß Tabelle 4-2 variiert. Die verwendete Maschinenvorschubgeschwindigkeit betrug 500 mm/min. Im Rahmen von Voruntersuchungen wurde sichergestellt, dass der bei der cw+pw-Bearbeitung durch Verdampfung verursachte Massenverlust der Proben vernachlässigbar ist. Nach der Bearbeitung wurde wie oben beschrieben die Temperaturaufnahme des Wasserbades bestimmt, in das die Probe fällt. Mit jeder Parameterkonfiguration wurden fünf Versuche durchgeführt. Vor jedem Versuch wurde das Wasser im Gefäß ausgetauscht, um konstante Ausgangsbedingungen zu garantieren.

Anschließend wurde aus der Temperaturzunahme des Wassers die von der Probe absorbierte Laserenergie gemäß Formel (4-1) berechnet. Danach wurde unter Verwendung der Bearbeitungsdauer von 40 s und der verwendeten pw- und cw-Laserleistungen der effektive Absorptionskoeffizient bestimmt. In Abbildung 5-3 sind die ermittelten effektiven Absorptionskoeffizienten für die verwendeten drei Frequenzen in Abhängigkeit von der modulierten Laserleistung dargestellt.

Es ist festzustellen, dass die gemessenen Absorptionskoeffizienten in den meisten Fällen über dem ebenfalls in Abbildung 5-3 eingetragenen cw-Referenzwert liegen. Wird der maximal ermittelte effektive Absorptionskoeffizient für den Zweistrahlprozess von 0,53 mit dem cw-Referenzwert von 0,46 verglichen, ergibt sich eine Steigerung von etwa 15 %.

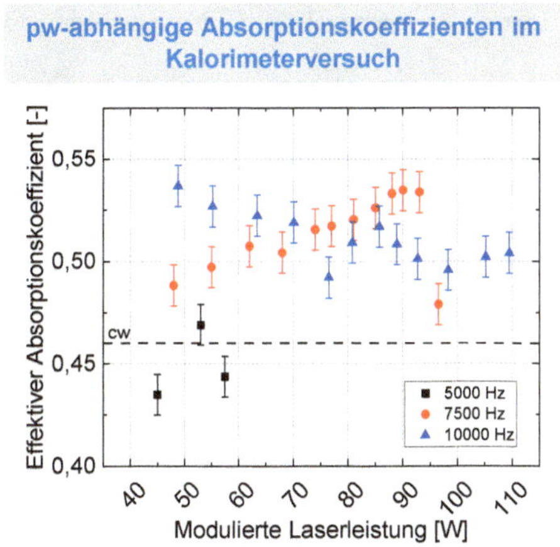

Abbildung 5-3: Im Kalorimeterversuch experimentell ermittelte effektive Absorptionskoeffizienten in Abhängigkeit von der pw-Laserleistung für die drei betrachteten Frequenzen. Die cw-Leistung war konstant und betrug 400 W. Kein Materialauftrag.

Effective absorption coefficients determined experimentally in the calorimeter test as a function of modulated laser power for the three considered frequencies. The cw power was constant and at 400 W. No material deposition.

Zur Interpretation der Beobachtungen werden im Folgenden einige dampf- bzw. plasmaphysikalische Betrachtungen durchgeführt. Im Zweistrahl-LMD wird der kreisförmige cw-Laserspot mit einer Fläche von 0,031 cm² mit dem rechteckigen pw-Laserspot mit einer Fläche von $1{,}25 \cdot 10^{-3}$ cm² überlagert. In dieser Arbeit werden cw-Laserleistungen bis 2400 W und durchschnittliche pw-Laserleistungen bis maximal 110 W betrachtet. Damit ergibt sich unter Berücksichtigung der Spotanordnung eine durchschnittliche Intensität von maximal $2 \cdot 10^{5}$ W/cm². Laut Literatur tritt eine stabile Plasmabildung erst ab einer Schwellintensität von etwa 10^{6} W/cm² auf [POPR11]. Es ist somit davon auszugehen, dass keine dauerhaft stabilen Plasmen, wie beispielsweise bei der Keyhole-Bildung, entstehen. Durch die hohe Pulsspitzenleistung des pw-Lasers von etwa 1,6 MW, die innerhalb des Pulses zum kurzzeitigen Erreichen von Intensitäten von $1{,}3 \cdot 10^{9}$ W/cm² und somit oberhalb der Schwellintensität führt, ist allerdings eine teilweise Ionisierung des Dampfes anzunehmen.

Die Wechselwirkung zwischen Laser und Werkstück ist komplex und es tritt eine Vielzahl physikalischer Phänomene auf, die innerhalb der kurzen Laserpulse und dazwischen auf verschiedenen Zeitskalen ablaufen. Neben der Absorption der Laserstrahlung sind dies die Wärmeleitung, die Temperaturentwicklung, die Verdampfung und Dampfausbreitung, die ggf. auftreten Ionisationsprozesse und die Wärmestrahlung. Abbildung 5-4 fasst die Phänomene grafisch zusammen. Die angegebenen zeitlichen Größenordnungen beziehen sich auf den Startpunkt der Prozesse, die Länge der Balken gibt deren Anhalten in Bezug auf die Pulsdauer an. Zu erkennen ist, dass vom zeitlichen Abstand der Pulse abhängt, ob Abkühlung und Erstarrung bzw. eine Rückbildung der

Dampfwolke eintreten oder ob der nächste Puls mit dem noch vorhandenen Dampf bzw. der Schmelze wechselwirkt.

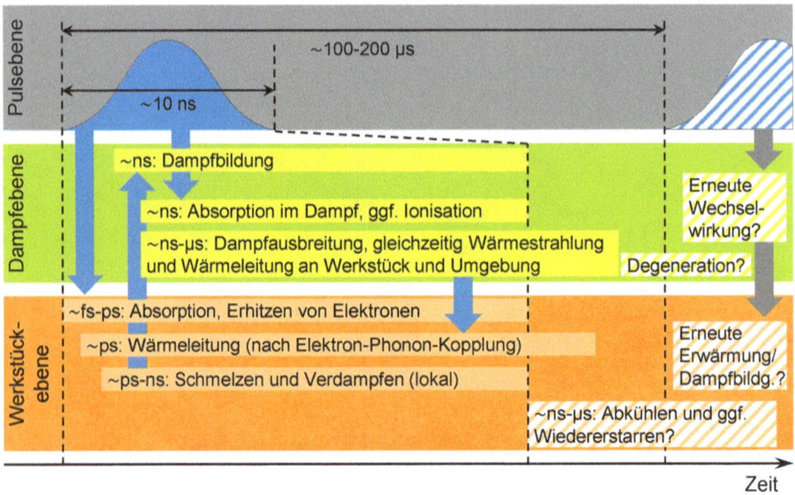

Abbildung 5-4: Physikalische Prozesse und zugehörige Zeitskalen während der pw-induzierten Dampfbildung.
Physical phenomena and related time scales during pw-induced vapor formation.

Die hohe Pulsspitzenleistung in Kombination mit der kurzen Wechselwirkungszeit in den Pulsen führt dazu, dass der Dampf lokal stark komprimiert ist und sich mit hoher Geschwindigkeit ausdehnt. Die relevanten Ausdehnungsgeschwindigkeiten liegen geschätzt im Bereich von einigen Hundert Metern pro Sekunde und somit in der Größenordnung der Schallgeschwindigkeit. Diese Abschätzung ergibt sich aus der maxwellschen Geschwindigkeitsverteilung und steht in guter Übereinstimmung zu in der Literatur verfügbaren Partikelgeschwindigkeiten bei der Laserablation [ZHIG98], [VEYS20]. Die hohe Ausdehnungsgeschwindigkeit hat zur Folge, dass Partikel sich in der Pausenzeit zwischen zwei einzelnen Laserpulsen (ca. 200 µs bei 5000 Hz und ca. 100 µs bei 10000 Hz) aus dem Bereich bewegen, in dem sie die einfallende Laserstrahlung noch beeinflussen.

Die Temperaturentwicklung im Bauteil wird direkt von der Dampftemperatur beeinflusst. Durch die verwendeten Pulslängen und den damit zustande kommenden Schmelzabtrag ist anzunehmen, dass in der Verdampfungszone ein Temperaturgleichgewicht zwischen der schmelzflüssigen Werkstückoberfläche und dem Dampf vorliegt. Nach POPRAWE liegen die Dampftemperaturen für Eisen im Bereich der betrachteten Laserintensitäten zwischen 3000 und 7000 K [POPR19]. Über Wärmeleitung findet eine Abgabe der Wärme in das Werkstück statt. Gleichzeitig gibt die Dampfwolke über Wärmeleitung und -strahlung Energie an die Umgebung ab. Die Energieabgabe ist proportional zur Dampfwolkenoberfläche. In die Wärmestrahlung geht die Temperatur mit der vierten Potenz ein. [DEMT18] Durch die großen Temperaturgradienten zur Umgebung und zum

Werkstück hin treten entsprechend große Wärmeflüsse auf. Je höher die Dampftemperatur, desto höher sind einerseits die Wärmeleitung in das Werkstück, aber auch die Verluste. Die Kontaktfläche zur Umgebung ist dabei größer als die zum Werkstück (schätzungsweise drei bis vier Mal, je nach geometrischer Approximation), eine genaue Quantifizierung allerdings nicht möglich.

Wie bereits in Kapitel 2.1 dargestellt, ist für Eisen in der Literatur eine entstehende Dampfpartikelgröße von etwa 50 nm angegeben. Da keine legierungsspezifischen Daten vorliegen, wird für die hier verwendete Legierung QuFe13 mit einem Eisen-Masseanteil von fast 90 % von einer ähnlichen Partikelgröße ausgegangen. Bei dieser Partikelgröße kommt es, wie in der Literatur beschrieben, zum einen zu einer direkten Absorption des Lichts durch die Partikel, die zu einem zunehmenden Aufheizen der Dampfwolke führt, und zum anderen zur Rayleigh-Streuung an den Partikeln. Bei einer konstanten Pulslaserfrequenz führt eine Zunahme der mittleren Pulslaserleistung zu einer größeren Menge verdampften Werkstoffs. Infolgedessen steigen ebenso der Metalldampfdruck und die Teilchendichte. Nach GRESES und BILLINGS kann für den Metalldampf aus dem komplexen Brechungsindex und der betrachteten Laserwellenlänge der theoretische Absorptionskoeffizient (in [1/m]) des Dampfes in Abhängigkeit von der Teilchendichte berechnet werden [GRES03], [BILL72]. Dieser Absorptionskoeffizient beschreibt die Abschwächung des Laserstrahls auf seinem Weg durch den Dampf durch die zuvor genannten Absorptions- und Streueffekte an den Dampfpartikeln. Der theoretische Absorptionskoeffizient des Dampfes steigt exponentiell mit der Teilchendichte. Je höher die Laserleistung des modulierten Laserstrahls, desto höher wird die Teilchendichte im Dampf und desto stärker ist die dort auftretende Absorption. Durch die Dimension des betrachteten Absorptionskoeffizienten ([1/m]) ist ersichtlich, dass die Absorption und Streuung im Dampf relevanter werden, je größer das Volumen der Dampfwolke ist. Mit zunehmender Strecke durch den Dampf wird der Laserstrahl stärker abgeschwächt. Diesbezüglich sei an dieser Stelle auf die Untersuchungen zur Ermittlung des Dampfvolumens in Kapitel 5.4 verwiesen.

Für die generell (mit Ausnahme der Repetitionsrate von 5000 Hz) im Vergleich zum reinen cw-Prozess gemessenen höheren Absorptionsraten liegt folgende Begründung nahe. Aus den auf Hochgeschwindigkeitsaufnahmen sichtbaren Dampfwolkenvolumina im Bereich weniger Kubikmillimeter kann geschlossen werden, dass die Größe der Dampfwolke im Vergleich zur Lichtwellenlänge sehr groß ist. Es ist deshalb davon auszugehen, dass ein Großteil der eingestrahlten Laserstrahlung bereits auf dem Weg zur Werkstückoberfläche in der Dampfwolke absorbiert oder gestreut wird. Durch die Absorption nimmt die Dampftemperatur so lange weiter zu, bis ein Gleichgewicht zwischen einfallender Leistung und an die Umgebung abgeführter thermischer Energie erreicht ist. Die Dampfwolke hat einen höheren Absorptionskoeffizienten als die Werkstückoberfläche, da durch die geringere Teilchendichte im Vergleich zu einem Festkörper nahezu keine Reflexionen auftreten (vgl. Keyhole-Effekt). Gleichzeitig gibt die Dampfwolke thermische Energie über direkte Wärmeleitung in der Kontaktfläche zwischen Dampf und Feststoff an das Werkstück ab. Der Verlust von Strahlungsenergie, die dem Prozess aufgrund von Reflexionseffekten an der Werkstückoberfläche in einem reinen cw-Prozess entzogen wird, wird durch die Präsenz der Dampfwolke abgemildert.

Im Folgenden wird zunächst der Bereich geringer durchschnittlicher pw-Leistungen betrachtet. Hier wurde bei gleicher Leistung eine Zunahme des Absorptionskoeffizienten mit steigender Repetitionsrate gemessen. Eine mögliche Begründung ist die zeitliche Stabilität der Dampfwolke. Bei 5000 Hz ist der Abstand zwischen zwei Laserpulsen doppelt so lang wie bei 10000 Hz. Zusammen mit der hohen Ausbreitungsgeschwindigkeit des Dampfes führt ein langer Pulsabstand zu einer Diskontinuität der Dampfpräsenz in der Prozesszone, sodass der Effekt der Absorptionsverbesserung durch den Dampf für höhere Frequenzen stärker ausgeprägt ist.

Für die Pulsfrequenz von 5000 Hz wurde zudem festgestellt, dass der Absorptionskoeffizient tendenziell sogar unter dem des cw-Referenzprozesses liegt. Dies könnte mit der vergleichsweise hohen Einzelpulsenergie (bei gleicher Leistung doppelt so hoch wie bei 10000 Hz) im Zusammenhang stehen. Dadurch wird durch einzelne Pulse bereits viel Material verdampft und ein ähnlich kompakter Dampf erzeugt, wie er bei höheren Frequenzen erst bei größeren Leistungen auftritt. Das Volumen der Dampfwolke ist groß (vgl. Kapitel 5.3) und der Weg des Lichtes durch den Dampf entsprechend lang, sodass der Einfluss von Verlusten durch Wärmeabgabe an der Oberfläche und Streueffekte im Dampf groß ist. Im ersten Schritt führt eine Leistungserhöhung zu einer Steigerung der Absorption (siehe Messpunkt bei 53 W), was vermutlich an der vergrößerten Anzahl absorptionsfähiger Partikel im Dampf liegt. Eine weitere Erhöhung der Leistung führt aber wiederum zur Abnahme der Absorption, da möglicherweise in größerem Umfang störende Streueffekte bzw. eine Übersättigung des Dampfes auftreten, die die Absorptionsfähigkeit mindern. Insgesamt liegen deshalb die gemessenen Absorptionskoeffizienten unter den bei höheren Frequenzen ermittelten und sogar unter denen des cw-Prozesses. Letztendlich ist allerdings bei dieser systembedingt nur kleinen Anzahl von Messwerten das Ableiten von Gesetzmäßigkeiten statistisch nicht abgesichert.

Der Werteverlauf bei 7500 Hz weist zunächst einen Anstieg auf. Mit der wachsenden Laserleistung nimmt die Teilchendichte im Dampf zu. Durch die höhere Teilchendichte stehen mehr Partikel zur Verfügung, die Laserlicht absorbieren und in Form von Wärmeleitung an das Werkstück weitergeben können. In Bezug auf das Gesamtsystem steigt für kleine pw-Leistungen infolgedessen der Absorptionskoeffizient. Bei Leistungen zwischen ca. 65 und 75 W zeigt der Verlauf ein leichtes Abflachen. In diesem Leistungsbereich ist davon auszugehen, dass die Zunahme des Dampfvolumens infolge der höheren Verdampfungsrate eine größere Rolle spielt. Der Weg der Laserstrahlung durch die Dampfwolke wird größer. Dadurch nimmt die Bedeutung von Streueffekten durch Rayleigh-Streuung zu. Durch die zunehmende Dampfwolkenoberfläche wird die an die Umgebung abgegebene Leistung erhöht, da mehr Grenzfläche für die Energieabgabe zur Verfügung steht. Insgesamt führt dies dazu, dass nur ein geringerer Leistungsanteil über kurzzeitige Absorption in den Dampfteilchen und anschließende Wärmeleitung in das Werkstück abgeben wird. Es treten folglich kleinere bzw. weniger stark wachsende Absorptionskoeffizienten auf. Im Anschluss an diesen mittleren Leistungsbereich nimmt der Absorptionskoeffizient bei weiterer Erhöhung der pw-Laserleistung erneut zu. Durch die kubische Volumenfunktion einer Kugel, mit der die Form der Dampfwolke approximiert werden kann, ist die prozentuale Zunahme der Gesamtweglänge durch den Dampf insbesondere bei kleinen Radien relevant. Bei größeren Radien, die im Spektrum höherer pw-Laserleistung durch eine größere Verdampfungsrate entstehen, nimmt dieser Einfluss ab. Außerdem wird bei größeren Dampfvolumina vermutlich die Größe der Dampfwolke durch die Schutzgasströmung und vorschubbedingte Konvektionen stärker eingeschränkt. Somit wird wiederum die höhere Dichte absorbierender Teilchen, die über den steigenden Dampfdruck zusätzlich zu einer höheren Dampftemperatur führt, signifikant für die Wärmeabgabe in das Werkstück.

Ein lokales Maximum der Absorption wird für 7500 Hz bei 90 W erreicht, bevor die gemessenen Koeffizienten bei weiterer Steigerung der Leistung stark abfallen. Dieses Verhalten ist vermutlich auf die besonders hohen Verdampfungsraten zurückzuführen (vgl. Kapitel 5.3), die die Stabilität der Dampfwolke durch die hohen Expansionsdrücke verringern. Zusätzlich ist von einer Art Übersättigung und einem großen Volumen des Dampfes auszugehen, sodass Streueffekte im Vergleich zur Absorption durch die Partikel wieder an Bedeutung gewinnen.

Im Gegensatz zu den anderen Kurven ist für die Repetitionsrate von 10000 Hz eine abnehmende Tendenz des Absorptionskoeffizienten über das gesamte Leistungsintervall zu beobachten. Dies stützt die These, dass der Metalldampf teilweise ionisiert ist. POPRAWE und andere Autoren beschreiben für höhere Pulsfrequenzen und -leistungen die zunehmende Bedeutung von Abschirmeffekten (Plasma Shielding) [POPR11]. In diesem Fall wechselwirken die einzelnen Pulse verstärkt mit der durch den vorangegangenen Puls erzeugten Metalldampfwolke. Die bereits vorhandene hohe Teilchendichte erschwert dem folgenden Puls das unbeeinflusste Durchqueren der Dampfwolke. Stattdessen überwiegen die Verluste durch Streuung im Dampf. Dieser Effekt wird mit zunehmender Leistung durch die wachsende Teilchendichte verstärkt. Da bei hohen Repetitionsraten die Dampfwolke zwischen den einzelnen Pulsen nicht kollabiert, ist er in diesem Fall besonders relevant. Bei geringeren Frequenzen besteht dagegen eine Tendenz zum zwischenzeitlichen Verschwinden und Neu-Erzeugen der Dampfwolke durch die Einzelpulse, sodass die Shielding-Effekte weniger stark ausgeprägt sind.

Neben den Abschirmeffekten sind weitere Erklärungen für den abfallenden Absorptionskoeffizienten über das Leistungsintervall denkbar. Zum einen ist die Plasmatemperatur deutlich höher als die eines nicht ionisierten Dampfes. Aufgrund des größeren Temperaturgradienten nehmen die Umgebungsverluste zu. Zum anderen ist die spezifische Wärmekapazität eines Plasmas durch die höhere Teilchenanzahl sowie die Energiedissipation durch weitere Ionisationsvorgänge größer. Das Plasma entzieht dem einfallenden Laserstrahl folglich einen Teil der Energie zur eigenen Aufrechterhaltung. [DEMT18] Die von CUI für hohe Leistungsdichten beschriebenen Absorptionsmechanismen (siehe Kapitel 2.1), die zur Dissipation von Energie in Plasmen führen, könnten ebenfalls eine Rolle spielen. Darüber hinaus treten durch die schnellere Expansion und Teilchengeschwindigkeit im Vergleich zum Dampf größere Konvektionsverluste auf. All diese Effekte nehmen mit zunehmender Leistung und somit wachsender Ionisation zu und sind mögliche Begründungen für die beobachteten Phänomene. Das lokale Minimum bei 77 W ist analog zum flacheren Kurvenerlauf in diesem Leistungsbereich bei der Repetitionsrate von 7500 Hz erklärbar.

Anmerkend sei hier darauf hingewiesen, dass die genannten Erklärungen Hypothesen sind, die als wahrscheinlich und möglich erachtet werden. Eine Überprüfung mittels geeigneter Messmethoden zur Charakterisierung der parameterabhängigen Dampftemperatur und -dichte und zur

Abgrenzung der zum Teil miteinander konkurrierenden Effekte konnte in dieser Arbeit nicht erfolgen und muss in Zukunft durchgeführt werden.

In weiteren Experimenten wurden für einige der betrachteten Einstellungen des modulierten Laserstrahls Versuche durchgeführt, in denen die verwendete cw-Laserleistung variiert wurde. Die Ergebnisse sind in Abbildung 5-5 zu sehen. Qualitativ wurden für die pw-Leistungsverläufe ähnliche Ergebnisse erzielt. Insgesamt nehmen die ermittelten effektiven Absorptionskoeffizienten allerdings ab, wenn die cw-Laserleistung steigt. Dies kann damit erklärt werden, dass durch die höhere cw-Leistung die Dampftemperatur stark ansteigt. Dies sorgt für die Zunahme von Streueffekten bzw. eine erhöhte Abgabe von Energie an die Umgebung. Zusätzlich geht die Erhöhung der cw-Laserleistung mit einer zunehmenden Schmelzbadbildung einher, sodass der Energieeintrag in das Werkstück durch eine weitere Grenzfläche (Schmelzbad/Festkörper) beeinflusst wird.

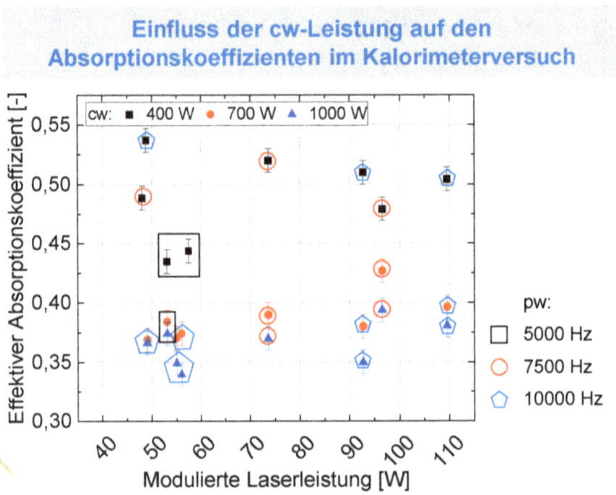

Abbildung 5-5: Im Kalorimeterversuch ermittelte effektive Absorptionskoeffizienten für verschiedene cw-Laserleistungen bei gleichen pw-Einstellungen. Kein Materialauftrag.

Effective absorption coefficients determined in the calorimeter test for different cw laser powers at same pw parameters. No material deposition.

An dieser Stelle sei darauf verwiesen, dass im Rahmen dieser Arbeit analoge Untersuchungen für den Aluminiumwerkstoff EN AW 7075 durchgeführt wurden. Auf die detaillierte Vorstellung der entsprechenden Ergebnisse wird verzichtet. Grundsätzlich konnten qualitativ ähnliche Verhaltensweisen nachgewiesen werden. Die Ergebnisse wurden bereits an anderer Stelle veröffentlicht [GIPP20].

5.2 Quantifizierung und Interpretation der Temperaturentwicklung im Bauteil

Quantification and Interpretation of Workpiece Temperature Evolution

In diesem Kapitel erfolgt die Untersuchung der Temperaturentwicklung im Bauteil während der Zweistrahl-LMD-w-Bearbeitung in Abhängigkeit von den verwendeten pw-Strahlparametern. Für die Schweißversuche wurde zunächst ein Basisparametersatz ermittelt, mit dem der Auftragschweißprozess ohne pw-Laser fehlerfrei und reproduzierbar funktioniert. Die ermittelten Parameter wurden in allen nachfolgenden Versuchen konstant gehalten. So wurde sichergestellt, dass alle Beobachtungen während des Zweistrahlprozesses ausschließlich durch den modulierten Laserstrahl beeinflusst werden. Die ermittelten Basisparameter waren: Laserleistung P_{cw} = 2400 W, Maschinenvorschubgeschwindigkeit v_M = 1100 mm/min und Drahtvorschubgeschwindigkeit v_D = 800 mm/min. Anschließend wurden Auftragschweißversuche unter Hinzunahme des pw-Laserstrahls durchgeführt, bei denen ausschließlich Frequenz und Diodenpumpstrom und somit die Leistung des pw-Lasers gemäß Tabelle 4-2 variiert wurden. Die Schweißraupen hatten eine Länge von 50 mm.

Temperaturmessungen mittels Optischer Rückstreureflektometrie (OBR)

Mithilfe des in Abbildung 4-7 gezeigten Aufbaus wurde die Dehnung mit dem OBR in der Messplatte in 8 mm Tiefe unter der Bearbeitungsebene gemessen, um Aussagen über die Temperaturverteilung im Bauteil während und nach dem Zweistrahl-Auftrag einer einzelnen Schweißraupe zu treffen. Es wurden zwei verschiedene Faserorientierungen (parallel/längs und senkrecht/quer zur Schweißrichtung) verwendet. Bei Verwendung der Messplatten mit Faserorientierung längs zur Schweißrichtung wurden die Schweißraupen so positioniert, dass sie jeweils genau über einem Fasersegment lagen. Die OBR-Messung wurde mit dem Beginn des Auftragschweißprozesses gestartet, der für eine einzelne Schweißraupe ca. 2,72 s dauert. Es wurden so lange Werte ohne weiteren Auftrag aufgezeichnet, bis die Faserdehnung wieder annähernd auf den Ausgangszustand zurückgegangen war (etwa 60 s). Anschließend wurde die nächste Messung mit dem Auftrag einer neuen Schweißraupe an einem anderen Ort auf der Probe durchgeführt. Der Ausgangszustand der Faserdehnung wurde jeweils zu Beginn der Messung durch eine Referenzmessung erfasst. Die gemessenen Dehnungen beziehen sich jeweils auf diesen Ausgangszustand. Durch die Samplingrate von 0,5 Hz wurde alle 2 s ein Dehnungsprofil der gesamten Faser aufgezeichnet. Dieses gibt die Dehnung relativ zum Ausgangszustand an jedem Ort der Faser über die gesamte Faserlänge an. Es wurde allgemein festgestellt, dass die relevanteste Temperaturentwicklung in der Messebene zwischen 2 und 6 s nach dem Prozessstart des Einzelschweißraupenauftrags stattfand.

Abbildung 5-6 zeigt OBR-Rohdaten für verschiedene Dehnungsmessungen. Die pw-Frequenz betrug 7500 Hz, als Leistung wurden 55, 77 und 97 W eingestellt. Die angegebenen Zeiten beziehen sich auf den Start des Auftrags der jeweiligen Einzelschweißraupe. Es ist jeweils ein Diagramm für die Faserdehnung nach 2 und 4 s für beide Faserorientierungen dargestellt. Die dargestellte Messlänge ergibt sich aus der eigentlichen Länge der Messfaser (2,5 m) und der etwa einen Meter langen Vorlaufstrecke zwischen Detektor und Messfaser.

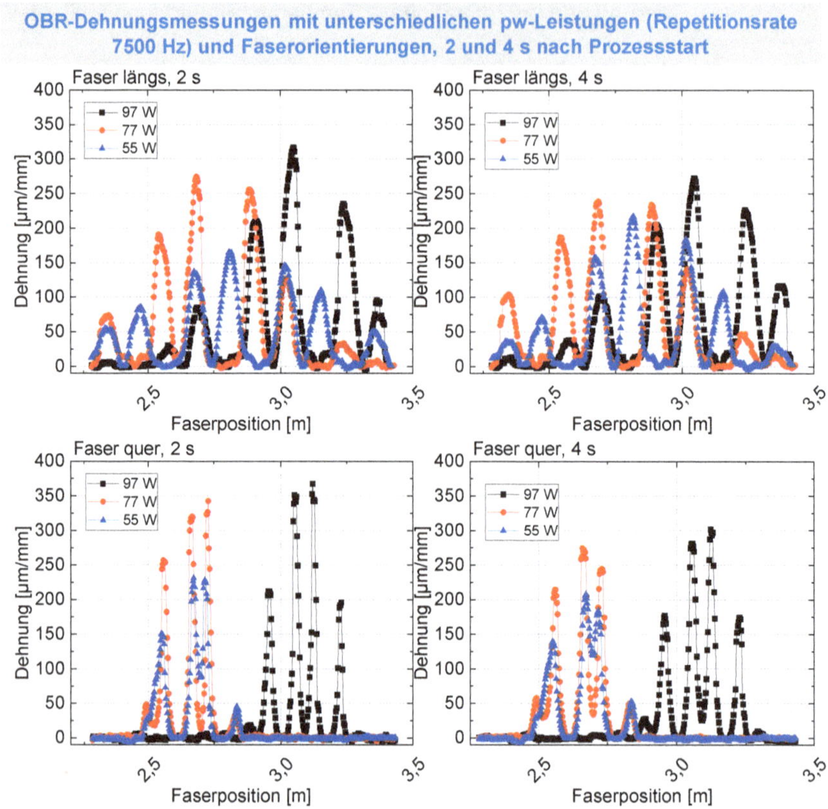

Abbildung 5-6: Beispielrohdaten OBR-basierter Dehnungsmessungen beim Auftrag einzelner Schweißraupen mit Faserorientierungen längs (oben) und quer (unten) zur Schweißrichtung. Die cw-Leistung betrug 2400 W, die Drahtvorschubgeschwindigkeit 800 mm/min und die Maschinenvorschubgeschwindigkeit 1100 mm/min. Die pw-Frequenz war konstant 7500 Hz, die pw-Durchschnittsleistungen wurden wie angegeben verändert. Die angegebenen Zeiten geben den Messzeitpunkt bezogen auf den Prozessstart an.

Example raw data of OBR-based strain measurements when applying single welding beads with fiber orientations longitudinal (top) and transverse (bottom) to the welding direction. The cw power was 2400 W, the wire feeding speed 800 mm/min and the machine feeding speed 1100 mm/min. The pw frequency was constant at 7500 Hz, the pw average powers were changed as indicated. The specified times indicate the measuring point related to the process start.

Allgemein wird beobachtet, dass sich die Diagramme je nach Faserorientierung deutlich unterscheiden. Ist die Faser längs zur Schweißrichtung orientiert, werden breitere Peaks und ein größerer Messbereich mit Dehnungszunahme identifiziert. Für jede Messung ist ein Peak mit maximaler Dehnungsamplitude sichtbar. Dieser Peak wird dem Fasersegment zugeordnet, über dem die zur

Messung gehörige Schweißraupe aufgetragen wurde. Die nebenliegenden Peaks gehören entsprechend zu den parallel dazu liegenden Fasersegmenten, die über Wärmeleitung erwärmt wurden. Da die Maximaltemperatur in größter Nähe zur Prozesszone erreicht wird, nimmt die Peakamplitude mit Abstand zum Maximalpeak ab.

Die Peaks besitzen einen periodischen Abstand zueinander, der aus dem äquidistanten Abstand der Fasersegmente in der Platte resultiert. Die unterschiedliche Lage der Kurven relativ zur Faserlänge ist auf die unterschiedliche Position der Schweißraupen auf dem Substrat zurückzuführen. Je nach Versuch lag die Schweißraupe über einem anderen Fasersegment, in dem die Maximaldehnung gemessen wurde. Werden die Kurven nach 2 s und nach 4 s miteinander verglichen, ist ersichtlich, dass die Amplitude des größten Peaks abnimmt, während die der benachbarten Peaks zunehmen. Durch die Wärmeleitung als Folge des auftretenden Temperaturgradienten im Werkstück wird die Energie aus der Prozesszone in das gesamte Bauteil verteilt. Die Temperaturen der Prozesszone und des sie umgebenden Volumens gleichen sich fortlaufend an. Die größere Breite der Peaks für die parallele Orientierung ergibt sich aus der geometrischen Betrachtung. Wird eine Schweißraupe direkt auf einem Fasersegment aufgetragen, wird dieses über eine vergleichsweise große Länge erwärmt und gedehnt. Es kommt zu einer Dehnungszunahme über einen größeren Bereich und somit zu einem breiten Peak. Gleiches gilt für die breiten Peaks der parallel liegenden Fasersegmente, die durch Wärmeleitung erwärmt werden. Obwohl nur auf einen kleinen Oberflächenbereich der Platte aufgeschweißt wurde (rechts, mittig oder links in Bezug auf Abbildung 4-7 b) links), wird durch die Faserorientierung die Faser nahezu über ihre gesamte Länge erwärmt, da sich sowohl Faseranfang als auch -ende auf der linken Plattenseite befinden. Dabei ist zu beobachten, dass auch die Täler zwischen den Peaks, die den nicht direkt erwärmten Faserbereichen zuzuordnen sind, breit sind.

Für die Faserorientierung senkrecht zur Schweißrichtung wird ein anderer Kurvenverlauf beobachtet. Der Messbereich mit sichtbarer Dehnungszunahme ist deutlich schmaler, ebenso die einzelnen Peaks. Zudem ist in den meisten Fällen kein maximaler Peak identifizierbar, sondern vielmehr zwei Peaks mit ähnlich großer Amplitude. Anders als bei der parallelen Faserorientierung wird kein einzelnes Fasersegment über eine große Länge erwärmt. Stattdessen ist der Wärmeeintrag in die Faser nur in den Schnittpunkten zwischen Schweißraupe und Faser maximal. Da für eine Schweißraupe in der Regel zwei solcher Schnittpunkte auftreten, gibt es zwei Peaks mit maximaler Dehnung. Die Entstehung der weiteren Peaks sowie die verschiedenen Verteilungen nach 2 und 4 s erfolgt analog zur parallelen Orientierung durch Wärmeleitung. Des Weiteren befinden sich bei der Querorientierung der Faseranfang und das Faserende nicht auf der gleichen Seite der Messplatte. Je nach Schweißraupenposition wird die Faser folglich nur im vorderen, mittleren oder hinteren Bereich erwärmt. Insgesamt sind die Diagramme mit Faserorientierung quer zur Schweißrichtung deshalb gestaucht und besitzen innerhalb der Peaks eine geringere Ortsauflösung als bei der parallelen Faserorientierung. Werden die gemessenen Dehnungswerte für die drei verwendeten pw-Leistungen miteinander verglichen, ist festzustellen, dass bei allen Messungen die größten Dehnungen bei 97 W auftreten, gefolgt von 77 W. Die kleinsten Dehnungen wurden bei 55 W pw-Leistung gemessen. Da die Dehnungen durch die Temperaturzunahme bedingt werden, ist davon auszugehen, dass bei 7500 Hz pw-Repetitionsrate der Wärmeeintrag mit der pw-Leistung steigt. Dieses Ergebnis steht in erster Näherung in guter Übereinstimmung zu den Ergebnissen aus den Kalorimeter-Versuchen in Kapitel 5.1.

Im Anschluss wurden die OBR-Rohdaten verwendet, um 2D- und 3D-Profile der Spannungsverteilung im Bauteil zu erstellen, wie es Abbildung 5-7 anhand von Beispieldaten zeigt. Diese gelten ebenso wie die in Abbildung 5-6 dargestellten Rohdaten für einen bestimmten Messzeitpunkt (hier: 4 s nach Prozessstart). Durch die bekannte Orientierung der Messfasern in der Platte ist es möglich, jeden Messpunkt über die Faserlänge einer bestimmten XY-Position in der Platte zuzuordnen. Die zugehörige Dehnung ist über ein Farbschema (a) oder auf der Z-Achse (b) darstellbar.

Grafische Darstellung der OBR-Messungen: 2D- und 3D-Dehnungsprofile im Werkstück beim Schweißraupenauftrag mit verschiedenen pw-Einstellungen

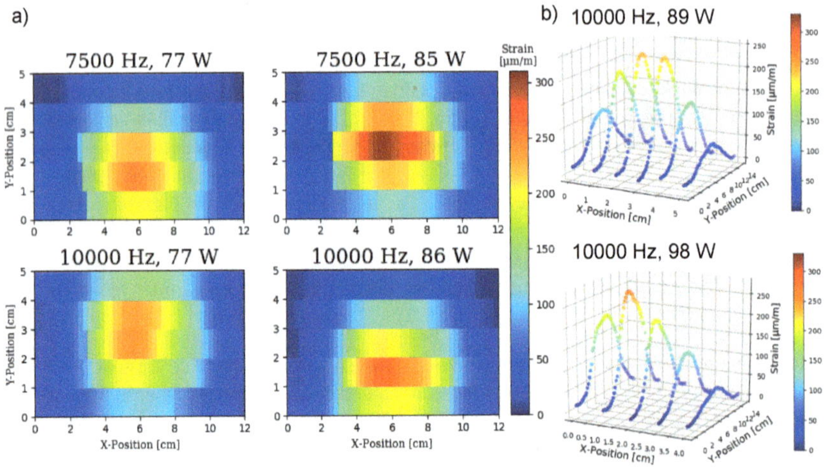

Abbildung 5-7: Beispieldaten von auf Grundlage von OBR-Messungen erzeugten 2D- (a) und 3D-Spannungsprofilen (b) in der Messplatte beim Auftrag einzelner Schweißraupen mit unterschiedlichen pw-Laserparametern. cw-Leistung 2400 W, Drahtvorschubgeschwindigkeit 800 mm/min, Maschinenvorschubgeschwindigkeit 1100 mm/min. Messung 4 s nach Prozessstart. Faserorientierung parallel zur Schweißrichtung (X).

Exemplary data of 2D (a) and 3D (b) strain profiles generated based on OBR measurements during application of single welding beads at different pw laser parameters. cw power 2400 W, wire feeding speed 800 mm/min, machine feeding speed 1100 mm/min. Measurement 4 s after process start. Fiber orientation parallel to the welding direction (X).

Die 2D- und 3D-Plots visualisieren anschaulich, wie sich die Wärme im Werkstück verteilt und in welchem Bereich Maximaldehnungen erreicht werden. Die Messdaten in Abbildung 5-7 zeigen zwei wichtige Beobachtungen. Zum einen ist für beide dargestellten Frequenzen (7500 und 10000 Hz) sichtbar, dass die Erhöhung der pw-Leistung von 77 auf 85 bzw. 86 W zu einer Erhöhung der Maximaldehnung führt. Darüber hinaus liegt die Maximaldehnung trotz (annähernd) gleicher pw-Leistung bei 10000 Hz geringer als bei 7500 Hz. Dies ist ein Hinweis auf den bereits beschriebenen Abschirmeffekt, der in den Kalorimeterversuchen festgestellt wurde.

Im Anschluss wurden alle aufgenommenen Messkurven automatisiert verarbeitet, um für jeden pw-Parametersatz die jeweilige Maximaldehnung zu ermitteln. Dazu wurden die Daten aus je fünf Messungen mit senkrechter und paralleler Faserorientierung gemittelt. Anschließend erfolgte auf Basis der zuvor durchgeführten Kalibrationsmessung (siehe Abbildung C-1) eine Umrechnung der Dehnungen in Temperaturen. Abbildung 5-8 zeigt die maximalen Bauteiltemperaturen für die drei untersuchten Frequenzen in Abhängigkeit von der mittleren modulierten Laserleistung. Da die Messwerte teilweise deutlich um den Mittelwert streuen, sind die Ergebnisse zur besseren Übersichtlichkeit auf der rechten Seite zusätzlich ohne Fehlerbalken dargestellt.

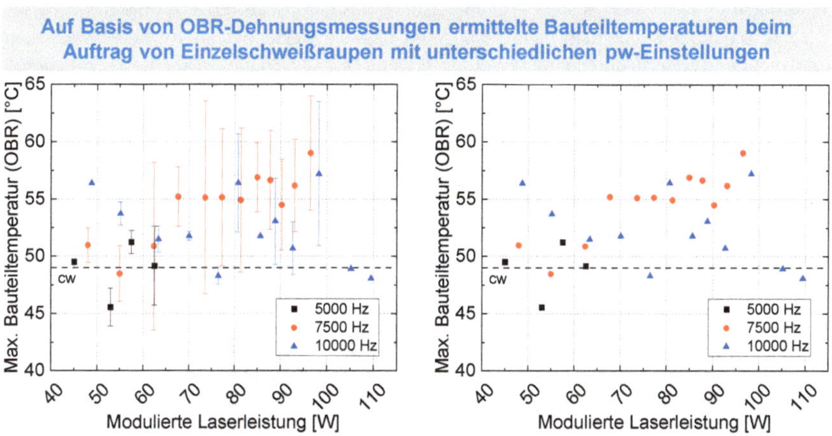

Abbildung 5-8: Mittels OBR-Messungen bestimmte maximale Werkstücktemperaturen in Abhängigkeit von den modulierten Laserstrahlparametern beim Auftrag von Einzelschweißraupen. Links: mit Fehlerbalken, rechts: ohne Fehlerbalken. cw-Leistung 2400 W, Drahtvorschubgeschwindigkeit 800 mm/min, Maschinenvorschubgeschwindigkeit 1100 mm/min.

Maximum workpiece temperatures determined based on OBR measurements during application of single welding beads depending on the modulated laser beam parameters. Left: with error bars, right: without error bars. cw power 2400 W, wire feeding speed 800 mm/min, machine feeding speed 1100 mm/min.

Der Einfluss der pw-Laserparameter auf die gemittelte Werkstücktemperatur ist signifikant. Im betrachteten Parameterintervall schwanken die gemessenen Temperaturen zwischen etwa 45 und fast 60 °C. Dies entspricht einer Steigerung von fast einem Drittel. Die drei Kurven weisen qualitativ ähnliche Verläufe auf wie die der im Kalorimeter-Versuch bestimmten effektiven Absorptionskoeffizienten. Für eine pw-Repetitionsrate von 5000 Hz nimmt die maximale Bauteiltemperatur zunächst mit zunehmender Leistung ab. Es folgt ein erneuter Anstieg bei Werten um etwa 60 W. Bei 7500 Hz steigt die gemessene Maximaltemperatur global betrachtet über das gesamte Leistungsintervall an. Bei mittleren Leistungen zwischen 65 und 80 W ist ein Abflachen der Kurve zu beobachten, bevor es zu einem erneuten Anstieg kommt. Für die Frequenz von 10000 Hz wird eine abfallende Tendenz der Kurve ausgemacht. Um eine Leistung von 75 W tritt ein lokales Minimum auf. Im weiteren Verlauf steigen die Werte zu einem Maximalwert bei 80 W an und fallen anschließend wieder ab. Die Ergebnisse können erneut mithilfe der Streu- und Absorptionseffekte im Dampf bzw. Plasma erklärt werden, die ausführlich in Kapitel 5.1 beschrieben wurden. Sie begründen insbesondere das Abflachen bzw. Minimum der Kurven im mittleren Leistungsbereich. Zudem sei darauf hingewiesen, dass der Kurvenverlauf bei der höchsten Frequenz von 10 kHz erneut auf Präsenz von Shielding-Effekten zurückzuführen ist. Nicht erklärt werden kann an dieser Stelle, weshalb die maximale Bauteiltemperatur bei 7500 Hz bei den höchsten Leistungen nicht sinkt, wie es bei den effektiven Absorptionskoeffizienten zu verzeichnen war. Darüber hinaus ist die Position der einzelnen Messpunkte durch die teilweise große Standardabweichung von etwa 10 % nicht in allen Fällen ausreichend abgesichert. Das gilt insbesondere für die Frequenz von 7,5 kHz. Die große Streuung ist damit zu erklären, dass die Messungen mit mehreren Messfasern (senkrecht und parallel) durchgeführt wurden. Da jede Faser ein charakteristisches Rückstreuprofil besitzt, ist nicht auszuschließen, dass die Faser einen Einfluss auf das Messergebnis hat. Zusätzlich wurde an unterschiedlichen Positionen auf der Platte aufgeschweißt, sodass nicht immer der gleiche Faserabschnitt für die Messung verwendet wurde. Ebenso ist nicht auszuschließen, dass die zwischen Werkstück und Messplatte eingebrachte Wärmeleitpaste einen Einfluss hat und der manuelle Auftrag zu einem inhomogenen Wärmeübertrag je nach Position auf dem Substrat beiträgt. Dennoch wird festgehalten, dass die OBR-Messungen die im Grundlagenversuch ohne Werkstoffauftrag aufgestellten Thesen im realen Auftragschweißversuch qualitativ bestätigen.

Temperaturmessung mittels Infrarot-Thermografie

Parallel zu den OBR-Messungen erfolgte eine Analyse der Werkstückoberflächentemperatur mithilfe der Infrarot-Kamera. Eine direkte Messung der Schmelzbadtemperatur war nicht möglich, da dieses durch die Laserstrahlen und die entstehende Dampfwolke überlagert wurde. Aus diesem Grund wurde als Vergleichswert die maximale Oberflächentemperatur der Schweißraupe direkt nach dem Ausschalten der Laserstrahlen gewählt.

In Abbildung 5-9 ist diese maximale Oberflächentemperatur in Abhängigkeit von der modulierten Laserleistung für die drei Repetitionsfrequenzen grafisch dargestellt.

Die Temperatur liegt innerhalb des betrachteten Parameterraums zwischen etwa 825 und 863 °C. Die Oberflächentemperatur nimmt demnach pw-Parameter-bedingt um ca. 5 % zu. Diese prozentuale Differenz scheint im Vergleich zu den Werten aus OBR- und Kalorimeter-Versuchen klein. Ein Temperaturunterschied von fast 40 K besitzt hingegen in Bezug auf mögliche Phasenumwandlungen im Werkstoff große Relevanz.

In den Kurvenverläufen sind mit Bezug zu den OBR-Messungen und den Kalorimeter-Versuchen übereinstimmende Verhaltensweisen zu erkennen. Unter anderem wird bei hohen Leistungen über etwa 90 W eine starke Abnahme der gemessenen Oberflächentemperaturen für die Kurven von 7500 und 10000 Hz verzeichnet, was auf eine Zunahme der Energiedissipation durch Streueffekte im stark gesättigten und erhitzten Dampf zurückzuführen ist. Bei 7500 Hz ist zudem ein Abflachen der Kurve um eine modulierte Laserleistung von etwa 75 Hz zu beobachten. Dies steht vermutlich im Zusammenhang mit der im kleineren bis mittleren Leistungsbereich prozentual stärkeren Zunahme von Oberfläche und Volumen der Dampfwolke, sodass mehr Licht gestreut bzw. Energie über die Oberfläche abgegeben wird (siehe Kapitel 5.1).

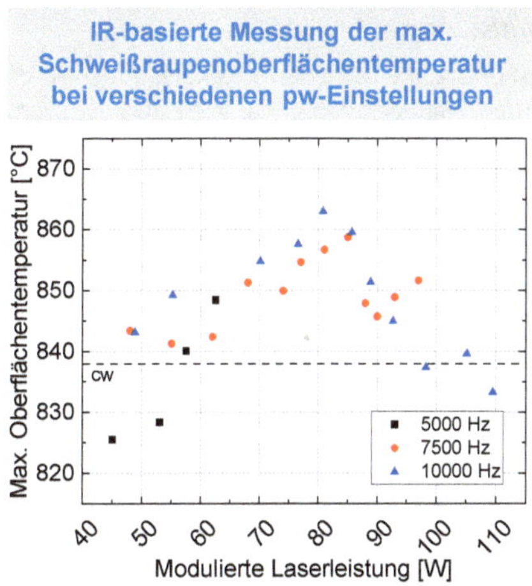

Abbildung 5-9: Mit IR-Kamera-Messungen bestimmte maximale Schweißraupenoberflächentemperaturen nach der Zweistrahl-LMD-w-Bearbeitung. Entwicklung in Abhängigkeit von den modulierten Laserstrahlparametern. cw-Leistung 2400 W, Drahtvorschubgeschwindigkeit 800 mm/min, Maschinenvorschubgeschwindigkeit 1100 mm/min.

Maximum welding bead surface temperatures determined by IR camera measurements after dual-beam LMD-w processing. Evolution depending on the modulated laser beam parameters. cw power 2400 W, wire feeding speed 800 mm/min, machine feeding speed 1100 mm/min.

Abweichend zu den bisherigen Ergebnissen ist allerdings auffällig, dass die maximale Oberflächentemperatur für 5000 Hz über das gesamte Leistungsintervall stetig zunimmt. Des Weiteren steigt die gemessene Temperatur im unteren und mittleren Leistungsbereich für 10000 Hz. Hier war zuvor ein tendenziell fallender Kurvenverlauf beobachtet worden. Diese Abweichungen sind dadurch erklärbar, dass bei der Messung der Oberflächentemperatur weitere Effekte relevanter werden als bei den volumenbezogenen Messungen mit Kalorimeter und OBR. An der Oberfläche wirken deutlich höhere Abkühlraten, da die Wärme direkt an die Umgebungsatmosphäre abgegeben wird. Dies ist insbesondere dann der Fall, wenn hohe Temperaturgradienten vorliegen, d.h. wenn die Oberflächentemperatur im Vergleich zur Umgebung besonders hoch ist. Auf Grundlage der Ergebnisse aus Kalorimeter- und OBR-Messungen sind die Absorptionskoeffizienten für die Frequenz von 10000 Hz und kleine Leistungen sehr hoch. Es wird deshalb angenommen, dass für diese Parameter eine vergleichsweise hohe Abkühlrate vorliegt. Es ist möglich, dass diese die Messung der Oberflächentemperatur nach Prozessende verfälscht. Hinzu kommt, dass der verwendete Versuchsaufbau kein nach außen gekapseltes System ist. So kann nicht ausgeschlossen werden, dass außen wirkende und nicht erfasste Luftströmungen das Messergebnis beeinflussen. Trotzdem bestätigen die IR-Messungen insgesamt das bereits gewonnene Bild des signifikanten Einflusses der pw-Dampfwolke auf die Absorption und somit die Prozesstemperatur. Diese wird bei moderaten pw-Leistungen und den Frequenzen 7500 und 10000 Hz deutlich erhöht.

Größe der Wärmeeinflusszone

Da die Größe der Wärmeeinflusszone (WEZ) im Werkstück unterhalb der Schweißraupen ein direktes Maß für den erfolgten Wärmeeintrag in das Werkstück ist, wurde eine Analyse der WEZ anhand von metallografischen Querschliffen durchgeführt. Für die Prozesse mit unterschiedlichen pw-Parametern wurden mithilfe des Bildbearbeitungsprogramms ImageJ die Tiefe und Breite der Wärmeeinflusszone ermittelt.

Abbildung 5-10 gibt die Breite und Tiefe der WEZ abhängig von der modulierten Laserleistung für die drei betrachteten Frequenzen an. Die geometrischen Beziehungen sind in Abbildung 2-7 definiert. In Bezug auf die Tiefe der Wärmeeinflusszone wurden zwei Kennwerte ermittelt. Dabei handelt es sich einerseits um die von der Substratoberfläche gemessene Tiefe t_1, bis zu der eine thermische Werkstoffmodifikation stattgefunden hat. Für die Tiefe t_2 wurde dagegen ab dem tiefsten Punkt der Durchmischungszone gemessen.

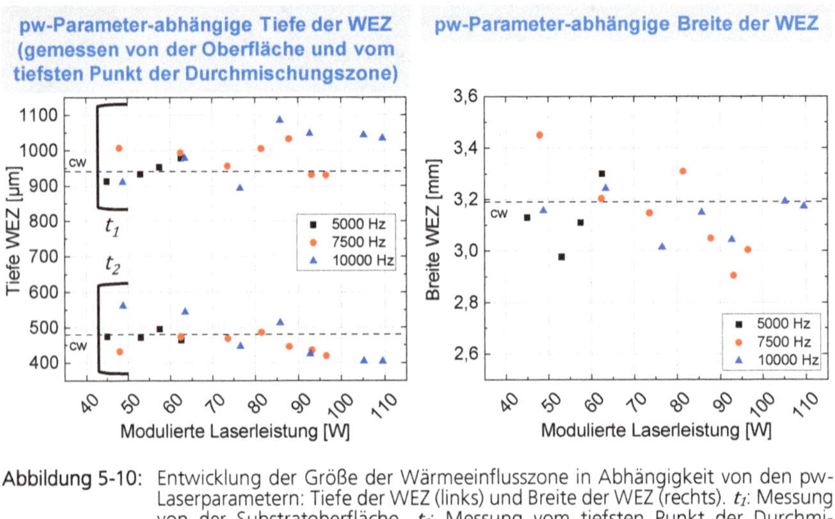

Abbildung 5-10: Entwicklung der Größe der Wärmeeinflusszone in Abhängigkeit von den pw-Laserparametern: Tiefe der WEZ (links) und Breite der WEZ (rechts). t_1: Messung von der Substratoberfläche, t_2: Messung vom tiefsten Punkt der Durchmischungszone. cw-Leistung 2400 W, Drahtvorschubgeschwindigkeit 800 mm/min, Maschinenvorschubgeschwindigkeit 1100 mm/min.

Evolution of the size of the heat-affected zone depending on the pw laser parameters: depth of the HAZ (left) and width of the HAZ (right). t_1: measurement from workpiece surface, t_2: measurement from lowest point of dilution zone. cw power 2400 W, wire feeding speed 800 mm/min, machine feeding speed 1100 mm/min.

Die Verläufe der beiden gemessenen Tiefenwerte sind qualitativ ähnlich. Wie in den vorherigen Versuchen weisen die Kurven bei 7500 und 10000 Hz Repetitionsfrequenz im Bereich von 75 W modulierter Laserleistung ein lokales Minimum bzw. Abflachen auf. Anschließend erfolgt ein erneuter Anstieg bis zu einem lokalen Maximum, bevor die Kurven gegen Ende des einstellbaren Leistungsintervalls abfallen. Da die Wärmeeinflusszone aus der Temperaturentwicklung im Werkstück folgt, wird geschlossen, dass die Beobachtungen wieder mit dampfdynamischen Effekten zu erklären sind. Das lokale Minimum ist, wie oben beschrieben, vermutlich auf die in diesem Bereich relativ große Zunahme von Teilchendichte und Dampfoberfläche, über die Energie verloren geht, zurückzuführen. Da der Dampf im hohen Leistungsbereich wie in der Literatur beschrieben vermutlich stark gesättigt ist, treten vermehrt Streueffekte auf, die eine Absorption des Lichtes bzw. die Weitergabe der Lichtenergie in Form von Wärme an das Werkstück abschwächen. Dementsprechend nimmt bei hohen modulierten Laserleistungen mit der geringeren Temperaturentwicklung im Werkstück die Tiefe der Wärmeeinflusszone ab. Bei der höchsten Frequenz von 10000 Hz wird zudem vom Auftreten von frequenzbedingten Abschirmeffekten sowie zusätzlich auftretenden Effekten bei teilweiser Ionisierung des Dampfes (kollisionsfreie Absorption) ausgegangen. Allerdings ist die zuvor gemachte Beobachtung einer abnehmenden globalen Tendenz des Absorptionskoeffizienten in Bezug auf die WEZ nur für t_2 sichtbar. Es ergibt sich deshalb die Fragestellung, welcher der beiden Messwerte für den Wärmeeintrag in das Werkstück mehr Relevanz besitzt. Während t_2 ausschließlich auf eine temperaturbedingte Gefügeveränderung und somit Wärmeleitung zurückgeführt wird, wird in t_1 zusätzlich berücksichtigt, wie stark die Schmelzfront in das Werkstück eindringt und den Grundwerkstoff aufschmilzt bzw. sich mit diesem vermischt. Es ist anzunehmen, dass das Eindringen der Schmelzfront kein rein thermisch bedingtes Phänomen ist, sondern zusätzlich durch den Dampfdruck bzw. die Kraftwirkung beeinflusst wird. Diesbezüglich sei hier auf Teilkapitel 5.4 verwiesen. Es wird vermutet, dass t_2 die pw-induzierte reine thermische Beeinflussung besser widerspiegelt.

Des Weiteren ist auffällig, dass bei 5000 Hz t_2 nahezu konstant bleibt und t_1 nur leicht über den verfügbaren Leistungsbereich zunimmt. Der rein thermisch beeinflusste Bereich ändert sich demnach nur geringfügig. Dies ist damit zu erklären, dass für die Gefügemodifikation in der Wärmeeinflusszone, die durch das Ätzen des Querschliffs sichtbar wird, Schwellwerte von Temperaturen (z.B. Austenitisierungs- oder Rekristallisationstemperatur) erreicht werden müssen. Wird die Temperatur nicht erreicht, findet keine nachweisbare Modifikation des Werkstoffes statt. Die WEZ ist somit ein indirekterer Indikator für die Werkstücktemperatur als direkte Temperatur- oder Absorptionsmessungen. Aus Kapitel 5.2 ist bekannt, dass die bei 5000 Hz auftretenden Absorptionskoeffizienten im Vergleich gering sind. Dies wurde mit der hohen Dampfdichte durch die hohe Einzelpulsenergie bei dieser Konfiguration begründet. Wahrscheinlich wird aufgrund dessen der Bereich, in dem die für eine Werkstoffmodifikation erforderlichen Temperaturen auftreten, über den Leistungsbereich nicht signifikant vergrößert und die Wärmeeinflusszone bleibt klein.

Wird die Breite der Wärmeeinflusszone betrachtet, sind qualitativ ähnliche Verläufe erkennbar. So sind insbesondere die bereits mehrfach erwähnten lokalen Minima identifizierbar (um 75 W für 7500 und 10000 Hz sowie um 50 W für 5000 Hz). Allerdings weist im Gegensatz zu den vorherigen Versuchen der leistungsbezogene Verlauf für 7500 Hz eine fallende Tendenz auf, während der für 10000 Hz ein schwankendes Verhalten zeigt und für hohe Leistungen ansteigt. Eine Erklärung ist mit den zuvor gemachten Überlegungen nicht ohne Weiteres möglich. Es ist allerdings davon auszugehen, dass die Messung der Breite der WEZ an der Wärmeeinflusszone und ihre Interpretation als Maß für die Wärmeentwicklung im Werkstück fehlerbehaftet ist. An der Oberfläche treten starke Temperaturgradienten auf, die signifikant durch die Umgebungsbedingungen (reale Temperatur, Gasströmungen) beeinflusst werden. Schwankungen dieser Umgebungsbedingungen, die nicht nachweisbar sind, haben vermutlich bereits großen Einfluss auf die Oberflächenbreite der WEZ.

Zusammenfassend ergibt die Untersuchung des pw-Laser-Einflusses auf die Wärmeeinflusszone, dass dieser indirekte Messwert den Temperatureinfluss auf das Werkstück widerspiegelt und dass die in den vorherigen Versuchen gemachten Beobachtungen qualitativ bestätigt werden. Allerdings ist zu beachten, dass die Größe der Wärmeeinflusszone durch eine Vielzahl weiterer Faktoren bedingt wird. Dies gilt insbesondere für die Breite der WEZ an der Oberfläche, die durch den Temperaturgradienten beeinflusst wird, sowie die generelle Form und Größe der WEZ, da sich die Wärmeleitung, die die Ausprägung der WEZ stark beeinflusst, je nach Position der Schweißraupe auf dem Werkstück (z.B. mittig oder am Rand) stark ändert.

5.3 Phänomenologische Betrachtung der pulslaserinduzierten Verdampfung und Kraftwirkung

Phenomenological Investigation of Pulsed Laser-Induced Evaporation and Force Effects

In den folgenden Abschnitten wird die pw-induzierte Kraftwirkung auf das Schmelzbad untersucht. Im ersten Schritt wird die pw-Parameter-abhängige Größe der Dampfwolke mittels Hochgeschwindigkeitsaufnahmen und Bildanalyse untersucht. Darauf folgt die phänomenologische Untersuchung der Kräfte im Feinwaagen- und Kugelbahnversuch.

Größe der pw-induzierten Dampfwolke

Die Kräfte auf das Schmelzbad, die über die Schmelzbadformung Einfluss auf die resultierende Schweißraupengeometrie nehmen, folgen aus der Verdampfung von Schmelzbad- und Substratwerkstoff. Das erzeugte Dampfvolumen besitzt zweierlei Bedeutung auf das Prozessergebnis. Einerseits ist die Größe der Dampfwolke ein direkter Indikator für die Form, die das Schmelzbad infolge der Interaktion mit dem Dampf annimmt. Andererseits nimmt die Expansionsenergie des Dampfes zu, wenn mehr Material verdampft. Das bedeutet, dass die auf die Schmelze wirkende Kraft zunimmt.

Um Aufschlüsse über die Menge des erzeugten Metalldampfes zu erhalten, wurde die Größe der Dampfwolke anhand von Hochgeschwindigkeitsaufnahmen für reine pw-Prozesse auf 1.0570 ohne Materialauftrag ausgewertet. Die Bearbeitungsgeschwindigkeit betrug 1000 mm/min. Für die drei untersuchten pw-Frequenzen wurde jeweils die Leistung variiert. Die Bestimmung der Dampfgröße erfolgte, wie in Kapitel 4.3 beschrieben, durch die Ermittlung der relativen Größe des hellen Bildbereichs, der der Dampfwolke entspricht.

Abbildung 5-11 zeigt rechts die relative Größe des Dampfbereichs in Abhängigkeit von der modulierten Laserleistung für die drei untersuchten pw-Frequenzen. Zur besseren Übersichtlichkeit wurden die einzelnen Messpunkte miteinander verbunden. Links ist als Beispiel eine Hochgeschwindigkeitsaufnahme dargestellt.

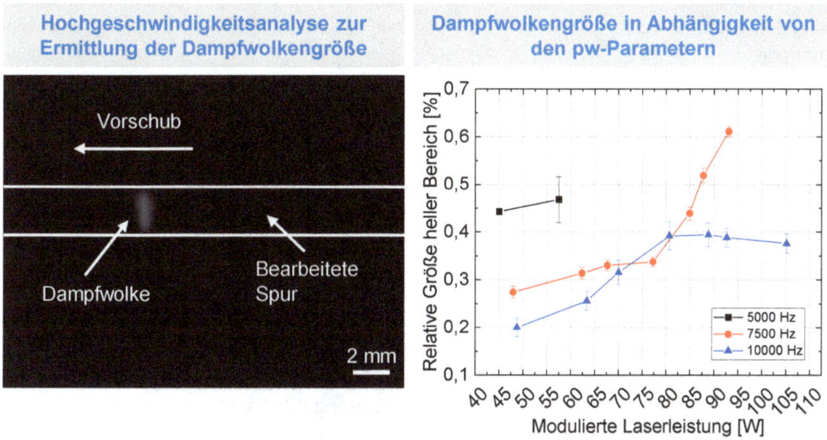

Abbildung 5-11: Links: Beispiel-Highspeed-Aufnahme eines pw-Prozesses. Rechts: Entwicklung der Größe der Dampfwolke in Abhängigkeit von den pw-Laserparametern. Kein cw-Strahl, kein Materialauftrag. Maschinenvorschubgeschwindigkeit 1000 mm/min.

Left: exemplary highspeed recording of a pw process. Right: evolution of the size of the vapor cloud depending on the pw laser parameters. No cw beam, no material deposition. Machine feeding speed 1000 mm/min.

Zunächst ist deutlich zu erkennen, dass – mit Ausnahme eines Messpunktes – bei gleicher Leistung die relative Größe des Dampfbereiches mit der Frequenz abnimmt. Diese Beobachtung wird mithilfe des Zusammenhangs zwischen Einzelpulsenergie und erzeugter Dampfmenge pro Puls begründet. Bei gleicher Leistung ist die Einzelpulsenergie bei 5000 Hz doppelt so hoch wie bei einer Frequenz von 10000 Hz und 1,5-mal so groß wie bei 7500 Hz. Das bedeutet, dass bei der kleinsten Frequenz pro Puls deutlich mehr Werkstoff verdampft. Bei den größeren Frequenzen verdampft in den einzelnen Pulsen entsprechend weniger Material. Zwar treffen in diesem Fall innerhalb der gleichen Zeit mehr Pulse auf die Prozesszone, allerdings wird die Wechselwirkung mit der Werkstoffoberfläche durch die noch vorhandene Dampfwolke des vorangehenden Pulses eingeschränkt, da die Zeit zwischen zwei Pulsen sehr klein ist. Infolgedessen tritt der bereits oben beschriebene Abschirmeffekt auf.

Für die Repetitionsraten von 5000 Hz und 7500 Hz steigt die Größe der Dampfwolke nahezu stetig über die jeweils einstellbaren Leistungsintervalle an. Bei der Kurve von 7500 Hz ist ein Abflachen des Anstiegs zwischen 70 und 80 W zu beobachten. Dies steht in guter Kongruenz zu den Ergebnissen zu Absorption und Bauteiltemperatur. Wie für die vorhergehenden Versuche wird angenommen, dass mit zunehmender Dichte und Volumen des Dampfes im mittleren Leistungsintervall die Bedeutung von Streueffekten zunimmt. Somit durchquert weniger Laserlicht die

Dampfwolke, um auf der Werkstoffoberfläche weiteres Material zu verdampfen. Entsprechend nimmt die Größe der Dampfwolke weniger stark zu. Bei weiterer Leistungssteigerung übersteigt die durch höhere Einzelpulsenergien hervorgerufene große Verdampfungsrate diesen Dämpfungseffekt und es verdampft wieder mehr Material, sodass die Größe der Dampfwolke erneut zunimmt.

Für die größte Repetitionsrate von 10000 Hz ist vor allem das Abflachen der Kurve oberhalb von 80 W markant; das gemessene Dampfvolumen sinkt sogar leicht. Dies ist auf die in Kapitel 5.1 erläuterten Absorptionseffekte in teilweise ionisierten Dämpfen zurückzuführen. Bei den vergleichsweise hohen pw-Leistungen ist eine Sättigung des Dampfes zu erwarten, sodass nur bedingt mehr Licht aufgenommen und an die Werkstoffoberfläche weitergegeben werden kann. Zusätzlich spielt die hohe Frequenz eine Rolle. Das dichte Aufeinanderfolgen der Pulse, das jedes Mal mit der Verdampfung von Werkstoff einhergeht, vermindert die Fähigkeit des Folgepulses, den Dampf ungehindert zu durchqueren.

Zusammenfassend spiegeln die Ergebnisse der Untersuchung der Dampfwolkengröße die Effekte wider, auf die bereits im Zusammenhang mit der pw-induzierten Veränderung des Absorptionskoeffizienten zurückgeschlossen wurde. Die Dampfwolkengröße hängt stark von den gewählten pw-Prozessparametern ab.

Größe der pw-induzierten Kräfte in Analogieversuchen

Zum phänomenologischen Verständnis der pw-induzierten Kraftwirkung wurden die in Kapitel 4.3.1 beschriebenen Analogieversuche eingesetzt. Die zwei verschiedenen Versuchsaufbauten wurden gewählt, um die Größenordnung der gemessenen Kräfte zu verifizieren. Bezüglich der im Kugelbahnversuch ermittelten Kräfte bestanden anfangs Zweifel darüber, welchen Einfluss die gekrümmte Oberfläche auf die Wechselwirkung zwischen Material und pw-Laserstrahl besitzt. Deshalb wurde als Vergleichsversuch der Feinwaagenversuch eingesetzt, bei dem der Laserstrahl mit einer flachen Bauteiloberfläche wechselwirkt.

Im Kugelbahnversuch wurden für die Frequenzen 7500 Hz und 10000 Hz Diodenpumpströme zwischen 40 A und 54 A und die entsprechenden Leistungen verwendet. Im Feinwaagenversuch zur Verifizierung wurde der Pulslaser bei den drei möglichen Frequenzen 5000 Hz, 7500 Hz und 10000 Hz betrieben. Die Diodenpumpströme wurden so gewählt, dass die mittlere Leistung 50 W, 75 W und 100 W entsprach. Bei der Frequenz von 5000 Hz war aufgrund der Pulslasereigenschaften nur eine Messung bei 50 W möglich. Abbildung 5-12 zeigt die Ergebnisse der Messungen mit beiden Versuchsaufbauten.

Es ist erkennbar, dass grundlegende Zusammenhänge aus den vorangegangenen Versuchen erneut auftreten. So steigt die pulslaserinduzierte Kraft bei einer konstanten Frequenz mit der Leistung. Bei einer konstanten Leistung sinkt die Kraft dagegen mit der Frequenz. Das belegen beide verwendeten Versuchsaufbauten. Die maximalen Kräfte werden folglich bei hohen Leistungen um 100 W mit der Frequenz von 7500 Hz erreicht. Im unteren Leistungsbereich erzeugt der pw-Strahl mit einer Repetitionsfrequenz von 5000 Hz die größten Kräfte, die kleinsten treten bei 10000 Hz Pulsrate auf, wie es der Feinwaagenversuch bestätigt.

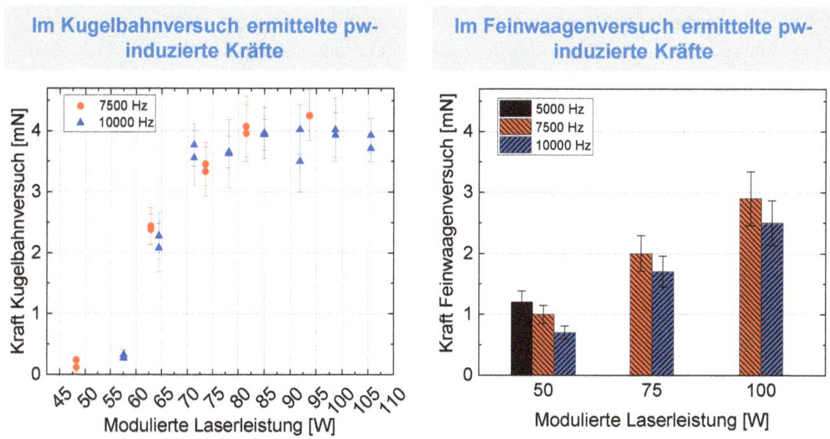

Abbildung 5-12: Ergebnisse der Kraftmessung im Kugelbahn- (links) und Feinwaagenversuch (rechts) in Abhängigkeit von den pw-Parametern. Kein cw-Einsatz, kein Materialauftrag.

Results of the force measurements in the scale and the ball track test depending on the pw parameters. No cw application, no material deposition.

Die Abnahme der Kraft mit steigender Frequenz ist darauf zurückzuführen, dass mit höherer Frequenz vermehrt Abschirmeffekte durch die enge Abfolge von Pulsen auftreten. Aus diesem Grund erzeugt nicht jeder Puls die volle Rückstoßkraft, die erreicht würde, wenn ein Puls auf eine unbearbeitete Oberfläche trifft und Werkstoff verdampft. Stattdessen wird die Interaktion des Pulses mit der Oberfläche durch die sich quasi-kontinuierlich neu generierende Dampfwolke eingeschränkt. Die Zunahme der pw-induzierten Kraft mit der Leistung bei konstanter Frequenz kann mit der Größe der Dampfwolke aus dem vorherigen Abschnitt korreliert werden. Ist eine große Dampfwolke vorhanden, ist dies ein Indiz dafür, dass viele Atome verdampfen. Entsprechend groß muss die aus der Expansion resultierende Rückstoßkraft sein, die auf die Oberfläche wirkt. Deshalb ist für die Messkurven für die Frequenzen von 7500 und 10000 Hz im Kugelbahnversuch (siehe Abbildung 5-12 links) eine grundsätzliche Zunahme der Kräfte über das betrachtete Leistungsintervall zu identifizieren. Für die maximale Frequenz von 10000 Hz ist wie zuvor ein Abflachen der Kurve im hohen Leistungsbereich zu beobachten. Dies deutet auf eine mit der Leistung zunehmende Dissipation von Pulsen in der Dampfwolke hin. Diese wird einerseits durch die vermehrte Anzahl von Streu- und Absorptionsereignissen durch die hohe Teilchendichte im zum Teil ionisierten Dampf und andererseits durch eine zunehmende Abschirmung in Kombination mit einer hohen energetischen Sättigung des Dampfes verursacht.

Die Verwendung der zwei Versuchsaufbauten beweist, dass die maximal induzierten Kräfte in der Größenordnung von 3-4 mN liegen. Es wird angenommen, dass letztendlich der Kugelbahnversuch eine höhere Genauigkeit besitzt, da der kritische Winkel, in dem die Kugel aus dem Laserstrahl rollt, aus der Kippbewegung und den Hochgeschwindigkeitsaufnahmen sehr genau bestimmt werden kann. Die Waage besitzt dagegen kraftbezogen eine geringere Auflösung und unterliegt zudem einer gewissen Trägheit, die sich negativ auf die Güte der Messergebnisse auswirkt. Anhand der bearbeiteten Kugeln wurde zudem identifiziert, dass die Oberflächenkrümmung einen vernachlässigbaren Einfluss hat. Der Bearbeitungsverlauf auf der Kugeloberfläche über den Einbrand des pw-Brennflecks schien homogen. Die Krümmung der Oberfläche bei 5 mm großen Kugeln ist nicht so stark, dass die Brennfleckränder sich nicht mehr innerhalb der Wirkvolumens des pw-Laserstrahls befinden. Prinzipiell würde eine starke Krümmung zu einer Unterschätzung, nicht aber einer Überschätzung der Kräfte führen.

Insgesamt zeigen die Grundlagenversuche, dass die pw-Strahlparameter erheblichen Einfluss auf die im Zusammenhang mit der Verdampfung induzierten Kräfte haben. Wie zuvor wurden die gemachten Beobachtungen anhand von dampfdynamischen Effekten erklärt und eingeordnet.

Zur Bewertung der Größe der gemessenen Kräfte wird im Folgenden eine grundlegende Betrachtung durchgeführt. Im klassischen Schweißprozess ohne pw-Laser wirken verschiedene Kräfte auf das Schmelzbad. Dies sind unter anderem der Gasdruck aus der Schutzgasspülung, die Oberflächenspannung, die Gewichtskraft sowie weitere Kräfte, die aus thermischen und chemischen Gradienten resultieren. Wenngleich alle genannten Kräfte einen Einfluss besitzen, ist der von Schwerkraft und Oberflächenspannung als am größten zu bewerten, denn ihr Zusammenspiel entscheidet darüber, ob zum Beispiel ein Überkopfschweißen möglich ist. Folglich müssen Oberflächenspannung und Gewichtskraft eine ähnliche Größe besitzen. Wird ein imaginärer Schweißtropfen aus Eisen als Halbkugel mit einem Durchmesser von 1,5 mm (realistische Schweißraupenbreite) approximiert, so ergibt sich eine Gewichtskraft von etwa 0,5 mN. Dies ist geringer als die meisten in dieser Studie gemessenen Kräfte. Der Einfluss der pw-induzierten Kraft auf die Schmelze muss folglich großen Einfluss auf die Form des Schmelzbades und die resultierende Schweißraupengeometrie besitzen. Letztere ist Gegenstand der Untersuchungen des folgenden Teilkapitels.

5.4 Ermittlung des Krafteinflusses auf die Einzelschweißraupengeometrie

Investigation of the Force Influence on Single Welding Bead Geometry

In diesem Teilkapitel wird der Einfluss der pulslaserinduzierten Kräfte auf die finale Schweißraupengeometrie untersucht. Analysegröße ist an dieser Stelle der Schweißraupenquerschnitt. Die Oberflächenrauheit als weiterer Geometrieparameter wird in Kapitel 6.1 untersucht.

Als Mess- bzw. Vergleichsverfahren dienten einerseits optische Tiefenschärfemessungen an der Oberfläche, die eine geometrische Erfassung des Schweißraupenquerschnitts oberhalb des Substrats ermöglichen. Andererseits wurden metallografische Querschliffe angefertigt. Diese erlauben eine Validierung der optisch ermittelten Querschnittsgeometrien und darüber hinaus einen Vergleich der Schweißraupen hinsichtlich der Durchmischungszone mit dem Grundwerkstoff und somit der Geometrie unterhalb der Substratoberfläche.

Zur Ermittlung der pw-Parameter-abhängigen Schweißraupengeometrie wurden Schweißversuche durchgeführt. Die konstanten Vorschubparameter und die cw-Leistung blieben in Bezug auf die Versuche zur Temperaturmessung in Kapitel 5.2 unverändert. Für den pw-Strahl wurden für die drei betrachteten Frequenzen die durchschnittlichen modulierten Laserleistungen variiert.

Nach den Schweißversuchen wurden die Schweißraupen mit dem ALICONA G5 gemessen. Dazu wurden Linienprofile der Schweißraupenoberfläche senkrecht zur Schweißrichtung erstellt. Der Messbereich lag etwa in Mitte der Schweißraupen und hatte eine Länge von etwa 800 µm. In diesem Bereich wurden mit der Software MEASURESUITE 500 Messlinien erfasst, aus denen gemittelte Schnittprofile berechnet wurden. Daraus wurden die Höhe und Breite der Schweißraupen ermittelt. Die Höhe wurde definiert als maximale Differenz zwischen den z-Werten des Profils und der Referenzlinie auf der Substratoberfläche. Die Breite entspricht dem Abstand der beiden Schnittpunkte des Schweißraupenprofils mit der Oberflächenreferenzlinie.

Abbildung 5-13 zeigt die ermittelten mittleren Schweißraupenhöhen und -breiten in Abhängigkeit von den verwendeten pw-Laser-Einstellungen Frequenz und durchschnittliche Leistung. Die gestrichelte Linie gibt jeweils die Referenzwerte für den reinen cw-Prozess an.

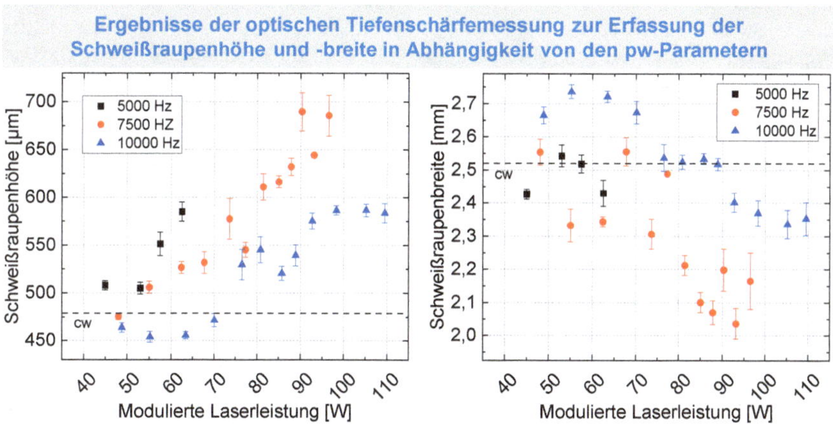

Abbildung 5-13: Durch optische Tiefenschärfemessung bestimmte Schweißraupenhöhen (links) und -breiten (rechts) in Abhängigkeit von der pw-Frequenz und der durchschnittlichen pw-Leistung. Die übrigen Prozessparameter waren konstant (cw-Leistung 2400 W, Drahtvorschubgeschwindigkeit 800 mm/min, Maschinenvorschubgeschwindigkeit 1100 mm/min).

Welding bead heights (left) and widths (right) determined by optical depth of field measurement as a function of pw frequency and mean pw power. The other process parameters were constant (cw power 2400 W, wire feeding speed 800 mm/min, machine feeding speed 1100 mm/min).

Es ist festzustellen, dass sich die Verläufe von Höhe und Breite über die durchschnittliche pw-Leistung gegenläufig verhalten. Diese Beobachtung lässt sich dadurch erklären, dass während aller Prozesse das Verhältnis von Draht- und Maschinenvorschub konstant gehalten wurde. Das pro Zeiteinheit aufgetragene Volumen war somit in allen Versuchen konstant. Die Querschnittsfläche der Schweißraupen muss unter der Annahme von Poren- und Rissfreiheit sowie einer konstanten Dichte auch in der Durchmischungszone folglich ebenfalls konstant bleiben. Der Einsatz des Pulslasers verursacht dementsprechend keine Änderung des aufgetragenen Volumens oder der Gesamtquerschnittsfläche. Wenn die pulslaserinduzierte Kraft bei einem bestimmten Parametersatz zu einem höheren Schmelzbad führt, muss demnach die Schmelzbadbreite entsprechend abnehmen.

Die Ergebnisse in Abbildung 5-13 zeigen, dass insgesamt bei gleicher Frequenz die Schweißraupenhöhe mit steigender durchschnittlicher pw-Leistung zunimmt. Dies liegt in der ebenfalls mit der Leistung zunehmenden Kraft bei gleicher Frequenz begründet. Eine große pulslaserinduzierte Kraft besitzt als Folge der Expansionsenergie der Dampfwolke eine größere Verdrängungswirkung auf die Schmelze als eine kleine. Aus dem größeren Verdrängungsvolumen in Zusammenwirkung mit der Oberflächenspannung, die einer Ausbreitung der Schmelze auf dem Substrat entgegenwirkt, folgt eine größere Höhe der Schweißraupen. Die Schweißraupenbreite nimmt entsprechend ab. Für fast alle Messwerte liegt die gemessene Schweißraupenhöhe oberhalb des cw-Referenzwertes. Eine Ausnahme stellen die Messwerte bei 10000 Hz bis zu einer pw-Leistung von 70 W dar. Eigentlich wäre hier ebenso eine höhere Schweißraupe zu erwarten, da eine unbeeinflusste Wirkung der Kraft auf das Schmelzbad angenommen wird. Ein Zweistrahlprozess mit Kraftwirkung müsste dementsprechend immer zu einer höheren Schweißraupe führen als ein reiner cw-Prozess. Zur Erklärung dieser Beobachtung reicht es deshalb nicht aus, die pw-induzierte Kraft als isolierten Effekt zu beobachten. Vielmehr muss die pw-Wirkung auf die Energieabsorption berücksichtigt werden. Aus den Ergebnissen in Kapitel 5.1 und 5.2 ist bekannt, dass der modulierte Laserstrahl mit 10000 Hz Repetitionsrate im niedrigen Leistungsbereich zu hohen effektiven Absorptionskoeffizienten bzw. Bauteiltemperaturen führt. Dies bedeutet, dass die Schmelze eine deutlich höhere Temperatur und damit geringere Viskosität und Oberflächenspannung besitzt. Die Schmelze benetzt den Grundwerkstoff besser; die Schweißraupenhöhe nimmt ab und die -breite zu. Die in diesem Parameterbereich kleinen pw-induzierten Kräfte genügen nicht, um den Effekt zu kompensieren. Die Schweißraupen sind somit niedriger und breiter als die cw-Referenzraupe. Sind die induzierten Kräfte dagegen ausreichend groß, spielt die verbesserte Benetzung eine untergeordnete Rolle und die Kraft wird der dominierende Effekt für die Schweißraupenform. Dies ist sowohl für die Schweißversuche mit geringeren Frequenzen als auch für die Messungen bei 10000 Hz mit entsprechend hoher Leistung der Fall.

Im Gegensatz zu den beiden Messreihen mit 5000 bzw. 7500 Hz Repetitionsrate ist bei den höherfrequenten Messungen mit 10000 Hz pw-Frequenz ein Abflachen der Kraft-Kurven bei hoher Leistung zu beobachten. Analog zu den Vorversuchen mit Waage und Kugelbahn wird diese Beobachtung durch den eintretenden Abschirmeffekt in der Metalldampfwolke erklärt. Bei hohen Frequenzen in Kombination mit hoher Leistung ist eine hohe Sättigung der Dampfwolke dafür verantwortlich, dass die Absorptionsfähigkeit herabgesetzt wird. Aufgrund der Beobachtungen wird angenommen, dass nicht jeder auf den Dampf treffende Puls vollständig auf die Substratoberfläche gelangt. Vielmehr wird durch die hohe Partikeldichte im Metalldampf ein Teil der Strahlung absorbiert bzw. gestreut. Durch den geringeren Strahlungseinfall auf der Oberfläche verdampft weniger Material. Infolgedessen nimmt die Expansionsenergie pro Zeiteinheit ab und die Kraft auf das Schmelzbad wird geringer. Die Zunahme der Schweißraupenhöhe mit der Leistung ist weniger stark als im Bereich kleiner und mittlerer Leistungen. Für die Schweißraupenbreite gilt das entgegengesetzte Verhalten.

Daneben ist zu beobachten, dass bei gleicher mittlerer pw-Leistung die Schweißraupenhöhe mit sinkender Frequenz steigt. Dieses Ergebnis ist ebenfalls analog zu den Ergebnissen aus den Grundlagenversuchen zu betrachten, wo eine Abnahme der Kraft mit der Frequenz durch den auftretenden Abschirmeffekt und die bei größeren Frequenzen kleinere Einzelpulsenergie begründet wurde. Da sich die Kraft direkt auf die Schmelzbadform auswirkt, ist die Erklärung direkt auf die pulslaserinduzierte Änderung der Schweißraupenhöhe und -breite übertragbar.

Zusätzlich zu den optischen Oberflächenmessungen wurden metallografische Querschliffe der Schweißraupen angefertigt. In Abbildung 5-14 sind exemplarisch je zwei Schweißraupen dargestellt, die bei pw-Frequenzen von 7,5 und 10 kHz erzeugt wurden. Bei den gewählten pw-Leistungen handelt es sich jeweils um die minimal bzw. maximal mögliche Leistung des Parameterintervalls.

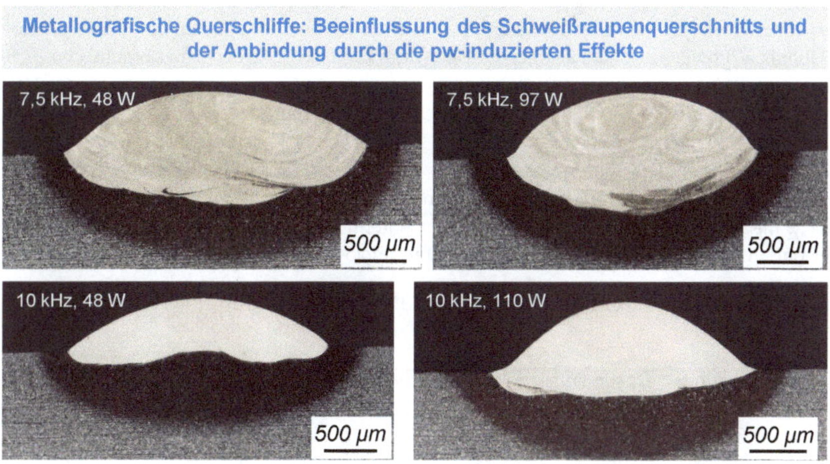

Abbildung 5-14: Beispielhafte metallografische Querschliffe einzelner mit unterschiedlichen pw-Parametern erzeugten Schweißraupen. Die übrigen Prozessparameter waren konstant (cw-Leistung 2400 W, Drahtvorschubgeschwindigkeit 800 mm/min, Maschinenvorschubgeschwindigkeit 1100 mm/min).

Exemplary metallographic cross sections of single welding beads obtained with different pw parameters. The other process parameters were constant (cw power 2400 W, wire feeding speed 800 mm/min, machine feeding speed 1100 mm/min).

Es ist deutlich zu erkennen, dass die Parameter des modulierten Laserstrahls einen starken Einfluss auf die Schweißraupengeometrie und die Anbindung mit dem Grundwerkstoff besitzen. Für beide Frequenzen ist sichtbar, dass die mit größerer Leistung hergestellten Schweißraupen höher und schmaler sind als die mit minimaler Leistung erzeugten. Entsprechend sind die Flanken dieser Raupen steiler. Auffällig ist zudem, dass die Schweißraupe aus dem Prozess mit 10000 Hz und 48 W sehr flach ist. Dies ist, wie oben erklärt, die Folge aus hoher Temperatur und nur geringer pw-induzierter Kraft. Wird die Anbindungszone betrachtet, ist neben dem bereits untersuchten pw-Einfluss auf die Wärmeeinflusszone eine pw-Wirkung auf die Größe der Durchmischungszone zu erkennen. Bei den Zweistrahlprozessen mit der Repetitionsfrequenz von 7500 Hz wurde eine stärker in den Grundwerkstoff hineinreichende Durchmischungszone beobachtet. Dies wurde analog bei weiteren Querschliffen festgestellt. Zusätzlich nimmt die Stärke der Durchmischung mit der Leistung zu. Es liegt deshalb nahe, anzunehmen, dass die Wirkung der pw-Kraft nicht nur für die Schweißraupengeometrie oberhalb der Oberfläche relevant ist. Die aus der Verdampfung resultierende Rückstoßkraft wirkt omnidirektional um die Dampfwolke herum. Aus den Ergebnissen wird deshalb geschlossen, dass die Kraftwirkung in Richtung des Grundwerkstoffs in Kombination mit der verstärkten Absorption dafür sorgt, dass die Schmelzfront tiefer in den Grundwerkstoff eindringt, wo sich die Schmelzen von Draht- und Substratwerkstoff vermischen.

Aus prozesstechnischer Sicht ist eine Bewertung der Größenordnung der Schweißraupenhöhen- und -breitenänderung sinnvoll. Denn die Geometrie einzelner Schweißraupen entscheidet darüber, welche Oberflächenwelligkeit beim dreidimensionalen Aufbau durch das Neben- und Aufeinanderschweißen mehrerer Schweißraupen erreicht werden. Im betrachteten pw-Parameter-Raum bzw. im Vergleich zum Prozess ohne pw-Laser kann die Höhe der Schweißraupen im Zweistrahlprozess bei Betrachtung der Maximalwerte etwa um den Faktor 1,5 gesteigert werden. Diese Änderung ist besonders vor dem Hintergrund der sehr geringen Änderung der Gesamt-Laserleistung von nur etwa 2 % signifikant. Um eine entsprechende Änderung im Einstrahlprozess zu erhalten, müssten die Grundprozessparameter (cw-Leistung, Draht- und Maschinenvorschubgeschwindigkeit) erheblich verändert werden. Unter Umständen ist die Prozessfunktionalität dann nicht mehr gegeben. Die Möglichkeit, die Raupenform in solchem Umfang ohne signifikanten Eingriff in den Gesamtprozess zu verändern, ist technologisch somit äußerst relevant.

5.5 Teilmodelle pulslaserinduzierte Kraft und Absorption

Sub-Models Pulsed Laser-Induced Force and Absorption

Aufbauend auf den experimentellen Ergebnissen werden in diesem Kapitel zwei empirische Teilmodelle erarbeitet, die die Temperatur- und Kraftwirkung des Pulslaserstrahls auf den Prozess qualitativ beschreiben.

In beiden Modellen sind die beschreibbaren Effekte auf Form, Größe und Partikeldichte innerhalb der Dampfwolke zurückzuführen. Ziel der Modelle ist deshalb, die direkten und indirekten Einflussfaktoren auf die Dampfwolke zu beschreiben und ihre Wirkung auf den Prozess abzubilden.

Zunächst wird die pw-induzierte Absorption und Temperatur betrachtet. Unter Annahme annähernd konstanter Pulsdauern der gleichen Größenordnung, was auf das verwendete Lasersystem zutrifft, bestimmt die durchschnittliche pw-Leistung bei konstanter Frequenz, wie viel Werkstoff verdampft. Dadurch wird die Dichte der in der Dampfwolke vorhanden Metallpartikel bestimmt. Die pw-Frequenz beeinflusst die zeitliche Ausprägung und Form der Dampfwolke. Bei einer geringen Bearbeitungsfrequenz dehnt sich die Dampfwolke eines Pulses, angetrieben durch die Expansionsenergie, vergleichsweise frei aus, bevor der nächste Puls auf die Oberfläche trifft. Dabei ist davon auszugehen, dass die Partikeldichte vom Zentrum der Dampfwolke nach außen hin abnimmt. Bei einer hohen Frequenz bedingen sich die einzelnen Pulse gegenseitig und die Interaktion des folgenden Pulses mit dem Werkstoff wird durch die bereits vorhandene Dampfwolke behindert (Shielding-Effekt). Dies ist besonders relevant, wenn durch hohe Leistungen eine große Partikeldichte vorherrscht. Das Zusammenspiel von Frequenz, Pulsdauer und durchschnittlicher Leistung bestimmt darüber hinaus, ob der Dampf teilweise ionisiert ist und ob zusätzliche Absorptionsmechanismen im Dampf auftreten. Als indirekter Einfluss ist die Schutzgasspülung zu betrachten, die Dampfpartikel kontinuierlich aus der Prozesszone ausspült und die Ausdehnung der Dampfwolke einschränkt.

Eine durch hohe Leistungen hervorgerufene große Partikeldichte im Dampf führt zu einer starken Streuung des Laserlichtes in der Dampfwolke. Der Anteil der an das Werkstück transmittierten Energie nimmt ab und somit auch die Prozesstemperatur. Die Viskosität der Schmelze ist hoch. Eine geringere Partikeldichte sorgt dagegen für weniger Streueffekte. Die Absorption und Transmission der Laserenergie durch den Dampf ist groß. Die Prozesstemperatur steigt und die Viskosität der Schmelze nimmt ab. Eine mittlere Bearbeitungsfrequenz und eine kontinuierliche Schutzgasspülung sorgen dafür, dass ein stabiler, nicht zu kompakter Dampf vorhanden ist. Dies erhöht ebenfalls die Absorption. Eine hohe Frequenz und mangelnde Ausspülung des Dampfes verursachen eine verstärkte Abschirmung und somit eine verminderte Absorptionsfähigkeit. Zu geringe Bearbeitungsfrequenzen führen zu einer eher diskontinuierlichen Dampfentstehung mit großem Dampfvolumen und hoher Partikeldichte aufgrund der hohen Einzelpulsenergie. Geringere Absorptionskoeffizienten aufgrund der starken Streuung in den wenigen Pulsen sind die Folge.

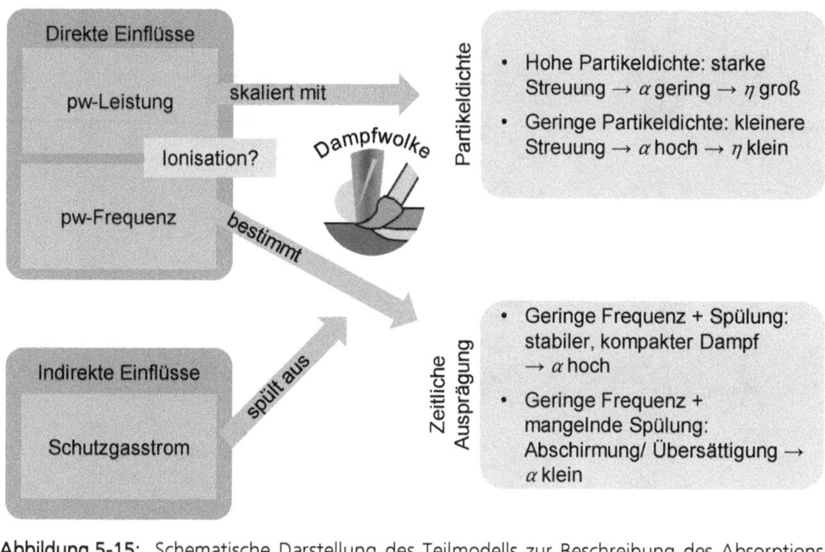

Abbildung 5-15: Schematische Darstellung des Teilmodells zur Beschreibung des Absorptionseinflusses des pw-Lasers auf den Zweistrahl-LMD-w-Prozess.

Schematic representation of the sub-models describing the pw-laser influence on absorption in the dual-beam LMD-w process.

Eine besonders hohe Absorption tritt folglich entweder bei moderaten pw-Frequenzen und -Leistungen oder bei höheren Frequenzen in Kombination mit geringer Leistung auf. Beide Varianten führen zu einer kontinuierlich präsenten Dampfwolke mit geringerer Partikeldichte, was die Absorption und Transmission des Laserlichtes in das Werkstück begünstigt. Abbildung 5-15 fasst diese Überlegungen grafisch zusammen.

Für den Einfluss der Dampfwolke auf die pw-induzierte Kraft gelten die gleichen dampfphysikalischen Zusammenhänge. Eine hohe Leistung bedingt durch die große Menge verdampften Werkstoffs eine hohe Expansionsenergie, die zu einer starken Ausbreitung der Dampfwolke nach außen führt. Die Verdrängungswirkung auf die Schmelze ist entsprechend groß, das Resultat ist ein überhöhtes und schmaleres Schmelzbad. Im Falle kleiner Leistungen besitzt die Dampfwolke eine geringere Expansionsenergie und die Kraft auf das Schmelzbad ist kleiner. Das Schmelzbad bleibt näher an seiner unbeeinflussten Form. Es ist flacher und breiter.

Da die Kraft auf die Schmelze direkt im Zusammenhang mit der Ausbreitung des Dampfes steht, ist die durch die Frequenz beeinflusste Abschirmung für die generierte Kraft signifikant. Ist bei hohen Frequenzen die Laser-Werkstoff-Interaktion durch die schnelle Pulsfolge behindert, nehmen die Kräfte ab oder stagnieren. Hohe Kräfte werden entsprechend bei geringen Frequenzen und hohen Leistungen hervorgerufen.

Abbildung 5-16 stellt diese Zusammenhänge grafisch dar.

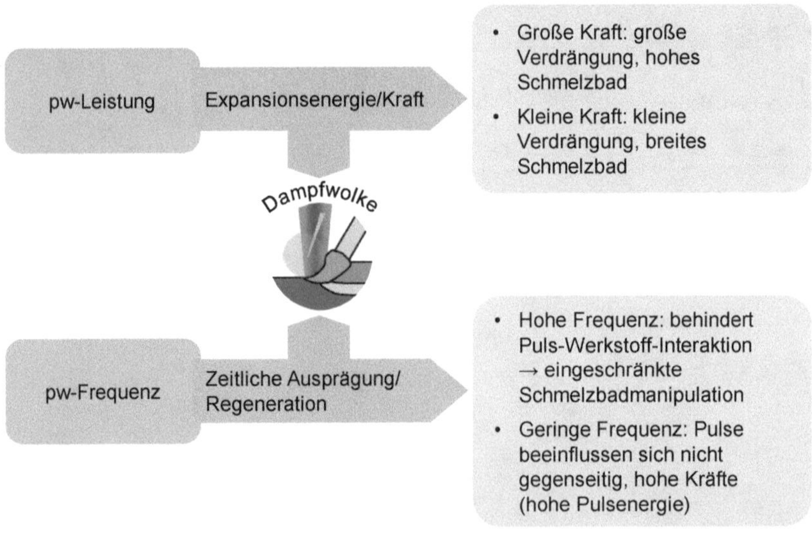

Abbildung 5-16: Schematische Darstellung des Teilmodells zur Beschreibung des Krafteinflusses des pw-Lasers auf den Zweistrahl-LMD-w-Prozess.
Schematic representation of the sub-models describing the pw-laser influence on force in the dual-beam LMD-w process.

5.6 Zwischenfazit

Interim Conclusion

In den bisherigen Untersuchungen wurden der Einfluss des modulierten Laserstrahls auf die Absorption der Prozessenergie im Werkstück und die pw-induzierte Kraft auf das Schmelzbad erforscht. Beide Phänomene wurden zunächst nachgewiesen und ihre Größenordnung quantifiziert. Es erfolgte eine Zuordnung der beobachteten Effekte zu dampfphysikalischen Mechanismen. Die Form und Dichte der durch den modulierten Laserstrahl erzeugten Dampfwolke wurden als ausschlaggebende Faktoren sowohl für die resultierende Absorption als auch die Prozesskraft identifiziert. Die optische Rückstreureflektometrie wurde erstmals zur *in situ*-Temperaturüberwachung von additiven Fertigungsprozessen eingesetzt. Die gewählte Herangehensweise erlaubte eine weitestgehend separate Betrachtung beider Effekte, sodass das grundlegende Prozessverständnis für den Zweistrahlprozess erweitert wurde. Die Untersuchungsergebnisse wurden in getrennte Erklärungsmodelle für die beiden Effekte überführt. Bezugnehmend auf die Aufgabenstellung dieser Arbeit (siehe Kapitel 3) wurde Forschungsfrage 2 beantwortet und die anfängliche Einschätzung bezüglich der Signifikanz der Effekte bestätigt.

Die Ergebnisse belegen, dass der modulierte Laserstrahl trotz der im Verhältnis sehr kleinen mittleren Leistung einen signifikanten Einfluss auf den Prozessablauf und das Prozessergebnis besitzt. Dies spiegelt sich sowohl in den erzeugten Schweißraupenquerschnitten als auch den ermittelten Prozesstemperaturen wider. Es wird deshalb angenommen, dass die Prozessstabilität des Zweistrahl-LMD-w ebenfalls stark von den Strahlparametern des modulierten Lasers abhängt. Die Interaktion der Effekte und ihre gekoppelte Wirkung auf die Prozessstabilität werden im Folgenden untersucht.

6 Untersuchung der Effektinteraktion

Investigation of Effect Interaction

Die Untersuchungen zu den Teileffekten pulslaserinduzierte Änderung des Absorptionsverhalten und pulslaserinduzierte Kraftwirkung auf das Schmelzbad wurden in Kapitel 5 beschrieben. Dabei wurden Zusammenhänge zwischen der durch den modulierten Laserstrahl erzeugten Dampfwolke und den Beobachtungen in Bezug auf die Temperaturentwicklung im Bauteil und die kraftbeeinflusste Schweißraupenform identifiziert. Da für die Prozessstabilisierung im Zweistrahlprozess ein Zusammenspiel beider Effekte angenommen wird, erfolgt in diesem Kapitel die Analyse der Effektinteraktion und ihrer Wirkung auf den Prozess beim Auftrag einzelner Schweißraupen.

6.1 Schmelzbaddynamisches Verhalten und Draht-Schmelzbad-Interaktion

Melt Pool Dynamic Behavior and Wire-Melt Pool Interaction

In diesem Teilkapitel wird untersucht, wie der modulierte Laserstrahl die Schmelzbaddynamik im Zweistrahl-LMD-w beeinflusst. Um das Verhalten des Schmelzbads, das die resultierende Schweißraupengeometrie bestimmt, zu erklären, wurden unterschiedliche Messungen während und nach dem Schweißprozess durchgeführt. Einerseits wurden Hochgeschwindigkeitsaufnahmen durchgeführt, die eine Bewertung des schmelzbaddynamischen Verhaltens erlauben. Andererseits wurde die Schweißraupenrauheit nach dem Prozess als Messgröße analysiert, da sie direkt durch die Schmelzbaddynamik beeinflusst wird.

Hochgeschwindigkeitsaufnahmen

Eine maßgebliche Rolle bei der Bewertung der Schmelzbadform und -dynamik kommt den Hochgeschwindigkeitsaufnahmen während des Schweißprozesses zu. Die Ergebnisse aus der Hochgeschwindigkeitsanalyse werden im Anschluss in Verbindung zu den Schweißraupenquerschnitten und -oberflächen gesetzt, die bereits in Kapitel 5.4 mithilfe metallografischer Methoden und optischer Tiefenschärfemessung charakterisiert wurden.

Für die Hochgeschwindigkeitskameraaufnahmen wurde die Kamera so platziert, dass der Auftragschweißprozess seitlich beobachtet werden kann. Der Fokuspunkt wurde so eingestellt, dass eine Analyse der voranschreitenden Schmelzfront sowie der Zone der Draht-Schmelzbad-Interaktion möglich war. Die Auftragschweißversuche wurden mit den gleichen Prozessparametern wie in den vorherigen Versuchsreihen durchgeführt. Die cw-Laserleistung sowie die Draht- und Maschinenvorschubgeschwindigkeiten wurden entsprechend konstant gehalten. Die pw-Frequenz und -leistung wurden über die jeweils verfügbaren Bereiche verändert. Für jede Prozesskonfiguration wurde eine Hochgeschwindigkeitsaufnahme aufgenommen. Analysiert wurde der Prozessbereich in einem annähernd stationären Zustand ohne die Start- und Endpunkte der Schweißraupen. Die Einstellung der Start- und Endpunkte ist unabhängig von dem Einfluss des modulierten Laserstrahls eine prozesstechnisch komplexe Fragestellung und wird in dieser Arbeit nicht gesondert betrachtet. Es wurde lediglich sichergestellt, dass die Start- und Endbedingungen (zeitlicher Zusammenhang zwischen Start/Ende der Drahtförderung, Ein/Aus des Laserstrahls sowie des Maschinenvorschubs) einen reproduzierbaren Prozessablauf ohne Unterbrechung ermöglichten.

Die systematisch durchgeführten Hochgeschwindigkeitsaufnahmen lassen mehrere Rückschlüsse zu. Abbildung 6-1 zeigt links eine Aufnahme eines stechenden LMD-w-Prozesses ohne den modulierten Laserstrahl. Rechts ist ein beispielhafter Zweistrahlprozess gezeigt.

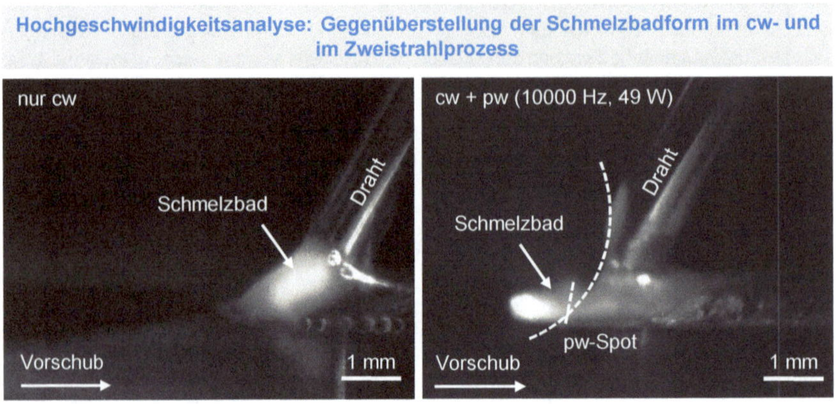

Abbildung 6-1: Hochgeschwindigkeitsaufnahmen eines reinen cw-Prozesses (links) und eines Zweistrahlprozesses (rechts). Der Einfluss des pw-Lasers ist grafisch dargestellt. Unveränderte Parameter: cw-Leistung 2400 W, Drahtvorschubgeschwindigkeit 800 mm/min, Maschinenvorschubgeschwindigkeit 1100 mm/min.

High-speed captures of a pure cw process (left) and of a dual-beam process (right). The influence of the pw laser is graphically indicated. Unchanged parameters: cw power 2400 W, wire feeding speed 800 mm/min, machine feeding speed 1100 mm/min.

Wie die Aufnahmen belegen, ist im Fall des reinen cw-Prozesses charakteristisch, dass das Schmelzbad in drei Zonen eingeteilt werden kann: die Schmelzfront vor dem Draht, den Bereich, in dem der Draht in das Schmelzbad eintaucht und die Schmelze zwischen Draht und bereits erstarrter Schweißraupe. Für diese Einstrahlprozesse wurde bei lateraler Betrachtung eine Schmelzfront beobachtet, die den Verbindungspunkt von Draht und Schmelzbad nahezu ohne Krümmung mit dem Verbindungspunkt von Schmelze und Grundwerkstoff verbindet. Im Prozessverlauf wurde ebenso identifiziert, dass diese Schmelzfront schmelzbaddynamischen Oszillationen unterliegt. Anhand der Hochgeschwindigkeitsaufnahmen wurde versucht, die Frequenz dieser Oszillationen zu bestimmen. Allerdings war es nicht möglich, eine konstante Frequenz zu ermitteln. Vielmehr scheint es sich um ein metastabiles und hochdynamisches Schmelzbadverhalten zu handeln, das sich aus dem Zusammenspiel der wirkenden Kräfte und Einflussfaktoren ergibt. Unter anderem wurde beobachtet, dass die Drahtzufuhr nicht vollumfänglich konstant erfolgt. Stattdessen scheint der Drahtvorschub systembedingten Schwankungen zu unterliegen, wie bereits in der Arbeit von Klingbeil beschrieben wurde. Da der Drahttransport in das Schmelzbad einen erheblichen Einfluss auf dessen Dynamik hat, wirken sich Schwankungen in der Drahtzufuhr direkt auf die Form und die Bewegungen des Schmelzbades aus. Zusätzlich wurden an der Schmelzbadoberfläche Konvektionsströmungen beobachtet. Vermutlich handelt es sich dabei um die Marangoni-Konvektion, die eine Folge eines Temperaturgradienten und der durch diesen verursachten Inhomogenitäten der Oberflächenspannung des Schmelzbades ist. Diese Faktoren und weitere Einflüsse, wie der Schutzgasstrom, Oberflächenunebenheiten auf dem Substrat oder Schwankungen in der Drahtbeschaffenheit bedingen, dass die Schmelzbaddynamik ein inhomogenes Verhalten aufweist und aperiodische Bewegungen auftreten.

Das Schmelzbadverhalten ändert sich grundlegend, wenn der modulierte Laserstrahl beim Auftragschweißprozess hinzugeschaltet wird. Wie in Kapitel 2.4.2 dargestellt, erzeugt der Pulslaser im Bereich seines Brennflecks die Verdampfung von Werkstoff. Durch die Expansionsenergie entsteht eine Druckwolke, die sich auf den umliegenden Bereich auswirkt. Im Falle des Zweistrahl-LMD bewirkt dies eine Verdrängung der Schmelze in der Nähe des Laserbrennflecks. Die Analyse der Hochgeschwindigkeitsaufnahmen ergab, dass sich im Falle der Pulslaserwirkung ein Meniskus zwischen dem Kontaktpunkt von Draht und Schmelzbad und dem Substrat ausbildet. Die geometrische Form des Meniskus kann bei seitlicher Betrachtung annähernd durch einen Kreis beschrieben werden (vgl. Abbildung 6-1). Im Rahmen einer grafischen Bildauswertung wurde für die verschiedenen durchgeführten Versuche ein Kreis an die Schmelzfront angefittet, dessen Radius jeweils bestimmt wurde. Es wurden in Abhängigkeit von den verwendeten Pulslaserparametern (Frequenz und Leistung) unterschiedliche Radien festgestellt. Da ein direkter Zusammenhang zwischen den in Kugelbahn- und Feinwaagenversuch ermittelten Kräften mit der Schmelzbadform anzunehmen ist, wurden die Radien in Abhängigkeit von den experimentell bestimmten Kräften grafisch ermittelt. Abbildung 6-2 zeigt den Schmelzbadradius als Funktion der im Kugelbahnversuch ermittelten pw-induzierten Kraft.

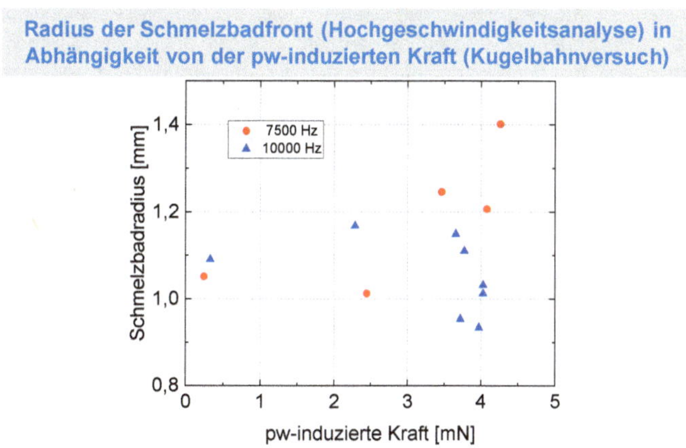

Abbildung 6-2: Radius der Schmelzbadfront in Abhängigkeit von der im Kugelbahnversuch ermittelten pw-induzierten Kraft für die pw-Frequenzen 7500 und 10000 Hz. cw-Leistung 2400 W, Drahtvorschubgeschwindigkeit 800 mm/min, Maschinenvorschubgeschwindigkeit 1100 mm/min.

Radius of the melt pool front depending on the pw-induced force determined in the ball run test for pw frequencies of 7500 and 10000 Hz. cw power 2400 W, wire feeding speed 800 mm/min, machine feeding speed 1100 mm/min.

Die Hochgeschwindigkeitsaufnahmen belegen für die pw-Frequenz von 7500 Hz, dass die Schmelzbadform tendenziell durch die pulslaserinduzierten Kräfte bedingt wird. Je höher die Kraft ist, desto größer ist auch die Verdrängung des Schmelzbades aus dem Fokusbereich und somit der angefittete Radius. Dieses Ergebnis steht in guter Korrelation mit der ermittelten parameterabhängigen Größe der Dampfwolke. Hier wurde für die beiden Frequenzen ein stetig mit der Leistung steigendes Volumen bestimmt. Die Analyse der Schmelzbadradien für die Frequenz von 10000 Hz führt zu einer anderen Interpretation. Auffällig ist eine hohe Anzahl von Messpunkten im Bereich der pw-induzierten Kräfte zwischen 3,5 und 4 mN. Diese sind mit der Stagnation der im Kugelbahnversuch gemessenen Kräfte bei höheren Leistungen ab etwa 80 W bei dieser Frequenz zu begründen. Ebenso bleibt das grafisch ermittelte Dampfwolkenvolumen für 10000 Hz ab diesem Wert annähernd konstant. Allerdings ist nicht ohne Weiteres begründbar, warum keine eindeutige Zuordnung zwischen Kräften und ermittelten Radien möglich ist, wie es bei den beiden geringeren Frequenzen der Kraft war. Eine mögliche Erklärung liefern wiederum die bei 10000 Hz relevanten Abschirmeffekte. Diese führen dazu, dass ab höheren Leistungen die Kraft nicht mehr die einzige dominante Einflussgröße auf das Schmelzbad ist. Stattdessen gewinnt die veränderte Absorption an Bedeutung. Aus den Ergebnissen in Kapitel 5.1 und 5.2 ist bekannt, dass in dem betrachteten Leistungsbereich bei 10000 Hz der effektive Absorptionskoeffizient bzw. die Bauteiltemperatur zunächst ein lokales Maximum erreichen und danach abfallen. Das bedeutet, dass die Viskosität der Schmelze zunimmt. Dadurch kommen komplexere Zusammenhänge zustande, da die Wechselwirkung zwischen dem sich ausbreitenden Dampf und der Schmelze verändert wird. Eine Analyse der einzelnen Messpunkte (nicht in der Grafik dargestellt) zeigte, dass bei annähernd konstanter Kraft die größeren gemessenen Radien bei den pw-Leistungen auftreten, bei denen der verursachte effektive Absorptionskoeffizient unterhalb des lokalen Maximums liegt. Die Schmelzbadtemperatur ist geringer und die Viskosität der Schmelze ist bei diesen hohen pw-Leistungen folglich höher. Gleiches gilt für die Oberflächenspannung bzw. die resultierenden Oberflächenkräfte. Die Oberflächenkräfte wirken der Verdrängung der Schmelze durch die Dampfwolke entgegen. Sie wirken in Richtung einer Stabilisierung der bestehenden Schmelzbadoberfläche. Das Schmelzbad wird großflächig verdrängt, da die pulslaserinduzierten Kräfte nicht ausreichen, um die Dampfwolke in die Schmelzbadoberfläche eindringen zu lassen und sie stark zu krümmen. Der Radius der Schmelzbadfront ist groß. Im Falle einer niedrigviskoseren Schmelze, die durch die hohen Absorptionskoeffizienten um 85 W pw-Leistung erreicht wird, kann der erzeugte Dampf die Schmelze leichter verdrängen. Die Schmelzbadoberfläche passt sich der Form der Dampfwolke besser an. Der Dampf dringt ähnlich einem scharfen Keil vergleichsweise tief in das Schmelzbad ein. Der erzeugte Schmelzbadfront-Radius ist folglich klein.

Neben der rein geometrischen Analyse der Hochgeschwindigkeitsaufnahmen wurde wie bei den Auftragschweißversuchen ohne modulierten Laserstrahl das dynamische Verhalten der Schmelze untersucht. Es wurde beobachtet, dass die Schmelze durch die Pulslasereinwirkung deutlich weniger frei zu oszillieren scheint. Vielmehr verursacht der Pulslaser nicht nur eine andere Schmelzbadform, sondern unterbindet die zuvor beobachteten Oszillationen. Tatsächlich ergibt sich durch direkten Vergleich der Aufnahmen der Eindruck, dass das Volumen des sich frei bewegenden Schmelzbades im Zweistrahlprozess im Vergleich zum Einstrahlprozess deutlich reduziert wird. Die im Zweistrahlprozess beobachteten Schmelzbadoszillationen scheinen durch den Pulslaser erzwungen zu sein. Die beobachtbaren Oszillationen der Schmelze besitzen in etwa die gleiche Frequenz wie der pw-Laserstrahl. Daraus kann folgender Mechanismus abgeleitet werden: in den Zeiten zwischen den pw-Pulsen bewegt sich das Schmelzbad in Richtung des freien, nur durch die Oberflächenspannung und die anderen Einflussfaktoren vorgegebenen Zustandes. Wird während des nächsten Pulses wieder Material verdampft, wirkt erneut eine Kraft auf das Schmelzbad, das wiederum in die erzwungene, durch einen Radius beschreibbare Form zurückgedrängt wird. Da die zeitlichen Abstände zwischen den Pulsen nur sehr kurz sind, ist die Amplitude dieser erzwungenen Schwingung im Vergleich zu den freien Oszillationen im Einstrahlprozess sehr gering. Der Prozess verläuft deshalb deutlich stabiler; das Abschmelzen und Auftragen des Drahtes erfolgen kontrollierter. Diese Beobachtungen lassen den Rückschluss zu, dass die Prozessstabilität in hohem Maße von den Schmelzbadbewegungen beeinflusst wird. Sind diese Bewegungen klein und kontrollierbar, steigt die Prozessstabilität. Erfolgen sie allerdings unkontrolliert und mit größerer Amplitude wie beim konventionellen LMD-w nur mit einem kontinuierlichen Laserstrahl, ist die Stabilität des Prozesses eingeschränkt. Dass dies nicht nur ein Phänomen im Falle der lateralen Drahtzuführung ist, haben Vergleichsuntersuchungen mit einem koaxialen Auftragschweißkopf belegt. In diesem Fall sind die geometrischen Zusammenhänge zwar verschieden (siehe Abbildung 6-3). Die unregelmäßigen und Oszillationen des Schmelzbades mit großer Amplitude treten aber ebenfalls auf.

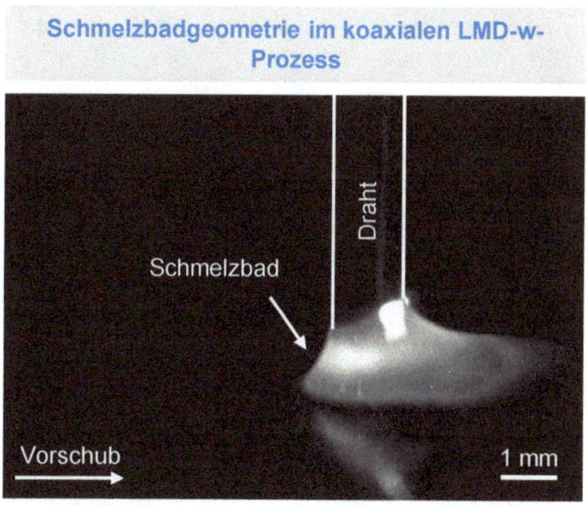

Abbildung 6-3: Hochgeschwindigkeitsaufnahme eines koaxialen LMD-w-Prozesses (cw).
High-speed capture of a coaxial LMD-w process (cw).

Beim drahtbasierten Laserauftragschweißen ist unabhängig von der geometrischen Prozesskonfiguration (laterale oder koaxiale Drahtzufuhr) die stetige Verbindung zwischen Draht und Schmelzbad Grundvoraussetzung für einen reibungslosen Prozessablauf und ein zufriedenstellendes Prozessergebnis. Gleichzeitig ist der Kontaktbereich aufgrund der Schmelzbadeinschnürung, die in Abbildung 6-1 und Abbildung 6-3 für den cw-Prozess sichtbar ist, fragil. Durch vergleichsweise große, unregelmäßige Bewegungen der Schmelze kann es leicht zu einem Kontaktverlust zwischen Draht und Schmelze und somit zu Prozessfehlern oder -abbrüchen kommen. Unter Umständen treten die Bewegungen in Kombination mit kleinen Schwankungen der Drahtzufuhrgeschwindigkeit auf, die ebenfalls auf den Aufnahmen zu erkennen sind und von KLINGBEIL untersucht wurden [KLIN19]. Diese Schwankungen stellen einen zusätzlichen Störfaktor dar und erhöhen das Risiko von Prozessabbrüchen. Die Aufnahmen des Zweistrahlprozesses belegen dagegen, dass der zusätzliche pw-Laserstrahl eine erhöhte Kontrolle der Schmelzbaddynamik und damit einen stabileren Abschmelzvorgang erlaubt.

Versuche hinsichtlich der Übertragbarkeit auf die schleppende Prozesskonfiguration ergaben, dass die Effekte dort ebenso nachweisbar sind, allerdings weniger stark ausgeprägt. Dies hängt damit zusammen, dass der modulierte Laserstrahl im schleppenden Prozess das Schmelzbad zwischen Draht und Schweißraupe bearbeitet. Die Schmelzbadverdrängung erfolgt dadurch bidirektional und wirkt sich nicht auf gleiche Weise auf die Schweißraupengeometrie aus. Bei hohen pw-induzierten Kräften sorgte der pw-Laser für ein Abreißen des Schmelzbades zwischen Draht und bereits erstarrter Schweißraupe, sodass kein kontinuierlicher Auftragschweißprozess möglich war.

Oberflächenrauheit

Nach der Hochgeschwindigkeitsanalyse des Schmelzbades wurde mithilfe der optischen Tiefenschärfemessung mit dem ALICONA G5 der Einfluss des modulierten Laserstrahls auf die Rauheit der resultierenden Schweißraupenoberfläche untersucht. Die Oberflächenrauheit ist eine Folge des schmelzbaddynamischen Verhaltens.

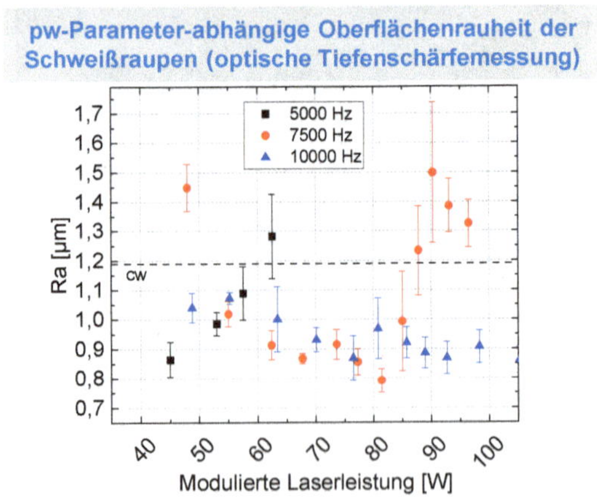

Abbildung 6-4: Gemessener arithmetischer Mittenrauwert Ra in Abhängigkeit von der pw-Frequenz und der durchschnittlichen pw-Leistung. Die übrigen Prozessparameter waren constant: cw-Leistung 2400 W, Drahtvorschubgeschwindigkeit 800 mm/min, Maschinenvorschubgeschwindigkeit 1100 mm/min.

Measured mean surface roughness Ra as a function of pw frequency and mean pw power. The other process parameters were constant: cw power 2400 W, wire feeding speed 800 mm/min, machine feeding speed 1100 mm/min.

Zur Rauheitsmessung wurden Oberflächenprofile der Schweißraupen in Schweißrichtung durch Linienmessung erfasst. Aus dem Linienverlauf wurden anschließend Rauheitskennwerte ermittelt. Der arithmetische Mittenrauwert Ra ist in Abbildung 6-4 in Abhängigkeit von der pw-Frequenz und der pw-Durchschnittsleistung dargestellt. Zum Vergleich ist der Referenzwert für Schweißraupen aus dem Einstrahl-LMD-w-Prozess (nur cw-Laser) eingezeichnet.

Zu erkennen ist, dass der Ra-Wert in einigen Bereichen des Parameterfensters durch den Einsatz des Pulslasers im Vergleich zum cw-Referenzwert reduziert wird. Dies ist für alle Messwerte bei 10000 Hz pw-Frequenz der Fall sowie für die Werte aus dem unteren bzw. mittleren Leistungsbereich bei 5000 und 7500 Hz. Im Zusammenhang mit den schmelzbaddynamischen Untersuchungen in diesem Kapitel und den Kraftmessungen in Kapitel 5.3 liegt folgende Interpretation nahe. Im Bereich kleinerer wirkender Kräfte auf das Schmelzbad unterstützt der modulierte Laserstrahl die bessere Kontrolle der Schmelzbaddynamik und stabilisiert das Abschmelzverhalten des Drahtes. Insbesondere wird die Regelmäßigkeit auftretender Schmelzbadoszillationen erhöht und deren Amplitude reduziert. Dies wurde anhand von Hochgeschwindigkeitsaufnahmen beobachtet. Die freien Oszillationen beeinflussen im Einstrahlprozess das Verhalten der Schmelze und ihre Form bis kurz vor der Erstarrung. Somit bewirkt ein unregelmäßiges, stark dynamisches Schmelzbadverhalten eine inhomogene Schweißraupe mit vergleichsweise großen Formschwankungen. Die Rauheit ist groß. Werden dagegen die Amplitude der Oszillationen reduziert und die Frequenz bis kurz vor der Erstarrung kontrolliert, führt dies zur Verringerung der Oberflächenrauheit. Da für 7500 und 10000 Hz eine Reduktion von Ra mit der Leistung bis zu einem Wert von etwa 80 W beobachtet wird, wird geschlossen, dass im unteren bis mittleren Kraftbereich eine positive Wirkung der Kraft vorhanden ist. Je größer die Kraft, desto größer die Wirkung auf die Schmelzbadstabilität und desto kleiner ist die Oberflächenrauheit der Schweißraupe.

Allerdings ist zu beobachten, dass die Rauheit bei 5000 Hz pw-Frequenz schon ab etwa 60 W und bei 7500 Hz ab ca. 85 W Leistung über dem cw-Referenzwert liegt. Bei 10000 Hz wird ein lokales Maximum bei 80 W identifiziert. Diese Leistungsbereiche entsprechen mit Bezug auf die Grundlagenuntersuchungen den maximalen laserinduzierten Kräften. Aus den Prozessaufnahmen ist bekannt, dass die hohen Kräfte selbst regelmäßige, aber vergleichsweise große Schmelzbadoszillationen erzeugen. Es ist davon auszugehen, dass diese negativen Einfluss auf die resultierende Oberflächenrauheit haben. Bei sehr hohen Kräften wurde sogar beobachtet, dass der pw-Laser die Verbindung von Draht und Schmelzbad unterbricht, was sich negativ auf die Rauheit auswirkt und makroskopische Diskontinuitäten der Schweißraupen hervorrufen kann (siehe Kapitel 6.2).

Bei 7500 Hz und 10000 Hz ist ein erneutes Abflachen der Ra-Kurven nach dem Peak bei hohen Leistungen zu beobachten. Dies wird wiederum durch den dann eintretenden Abschirmeffekt bzw. die Dampfsättigung erklärt, die in Kapitel 5.3 als Interpretation der leistungsabhängigen Kraftreduktion für hohe pw-Leistungen dienten.

Dass insbesondere bei 7500 und 10000 Hz sehr geringe Ra-Werte gemessen wurden, wird vermutlich zusätzlich durch die verminderte Viskosität durch die in diesen Fällen auftretende hohe

Absorption begünstigt. Im Falle einer niedrigviskosen Schmelze werden durch die Schmelzbaddynamik erzeugte Unregelmäßigkeiten an der Oberfläche durch das bessere Fließverhalten einfacher ausgeglichen als bei höherviskosen Flüssigkeiten.

Fertigungstechnologisch wird an dieser Stelle festgehalten, dass der Zweistrahlprozess in gewissen Parameterbereichen eine Reduktion der Oberflächenrauheit der Schweißraupen ermöglicht. Die Oberflächenqualität wird somit gesteigert und ein eventuell erforderlicher Nachbearbeitungsaufwand reduziert. Bei geeigneter Parameterwahl werden sowohl eine gewünschte Schweißraupenquerschnittsform als auch eine verbesserte Rauheit erreicht.

6.2 Vergrößerung des stabilen Prozessfensters für einzelne LMD-w-Schweißraupen

Enlargement of Stable Process Window for Single LMD-w beads

Wie bereits anhand der Hochgeschwindigkeitsaufnahmen beobachtet wurde, stabilisiert der modulierte Laserstrahl die Draht-Schmelzbad-Interaktion. Dies geschieht durch das Zusammenspiel zweier maßgeblicher Effekte. Durch die bei der Verdampfung von Schmelzbad- und Substratwerkstoff entstehende Dampfwolke, die mit der Frequenz des modulierten Laserstrahls immer wieder neu generiert wird und entsprechend schwingt, wird die Form des Schmelzbades verändert. Die im reinen cw-Prozess auftretenden, unregelmäßigen Schmelzbadbewegungen, die im schlimmsten Fall ein Abreißen der Verbindung zwischen Draht und Schmelzbad hervorrufen, werden unterdrückt. Gleichzeitig kommt es im Bereich der Dampfwolke zu einer höheren Absorption. Die erhöhte Temperatur verbessert das Fließverhalten der Schmelze und unterstützt ein vollständiges Aufschmelzen des Drahtes. Wie Abbildung 6-1 zeigt, beginnt die dem Laserspot zugewandte Seite des Drahtes im Vergleich zum cw-Referenzprozess bereits deutlich weiter oben zu schmelzen. Durch Wärmeleitung aus dem bereits aufgeschmolzenen Bereich des Drahtes in den restlichen Drahtquerschnitt besitzt der Draht in der Nähe der Prozesszone insgesamt eine höhere Temperatur als im reinen cw-Prozess. Somit werden Prozessfehler, die aus einem unvollständigen Aufschmelzen resultieren, unterdrückt.

Um die Größe des stabilen Prozessfensters des Zweistrahlprozesses im Vergleich zum cw-Prozess zu untersuchen, wurden Prozessuntersuchungen anhand des Auftrags einzelner Blindnähte durchgeführt. Für die Zweistrahlprozesse wurden auf Basis der vorangegangenen Untersuchungen drei verschiedene pw-Parameterkombinationen ausgewählt. Um eine Abschwächung der Effekte durch die bereits beobachtete Abschirmung zu vermeiden, wurde die pw-Repetitionsfrequenz auf 7500 Hz festgelegt. Die Leistungen (48 W, 74 W und 97 W) wurden so gewählt, dass der gesamte Leistungsbereich abgedeckt wurde. Diese erzeugen mit Bezug auf die Voruntersuchungen eine kleine, mittlere und große Kraft auf das Schmelzbad. Zudem ist bekannt, dass die Absorptionsfähigkeit des Dampfes über den betrachteten Leistungsbereich bei 7500 Hz tendenziell ansteigt, bei hohen Leistungen aber wieder abfällt. Für die drei betrachteten Leistungswerte wird somit angenommen, dass die Absorption bei 74 W am höchsten ist, während sie 48 W kleiner ist und bei 97 W kleiner oder ähnlich groß (die verschiedenen Messmethoden lieferten für 97 W keine eindeutigen Ergebnisse). Die jeweils übrigen Ausgangsparameter (cw-Laserleistung

P_{cw} = 2300 W, Maschinenvorschubgeschwindigkeit v_M = 1100 mm/min und Drahtvorschubgeschwindigkeit v_D = 800 mm/min) waren in den Versuchen konstant.

Sowohl für den cw- als auch für die Zweistrahlprozesse wurden in den Versuchen die cw-Laserleistung und die Drahtvorschubgeschwindigkeit ausgehend von den Ausgangsparametern variiert, um die jeweils resultierende Größe des aufgespannten Prozessparameterfensters zu ermitteln. Dabei wurden beide Parameter mit dem Ausgangswert beginnend erhöht und verringert, bis der Prozess in die jeweilige Variationsrichtung keine zufriedenstellenden Ergebnisse mehr lieferte. Die Schrittweite betrug 100 W für die Leistungsvariation und 100 mm/min für die Variation der Drahtvorschubgeschwindigkeit. Die Schweißraupen wurden visuell bewertet. Als Abbruchkriterien der Versuchsreihen wurden starke Rußbildung, makroskopische Diskontinuitäten der Schweißraupen sowie Kratzer bzw. Makroporen in den Schweißraupen, die aus einem unzureichenden Abschmelzen des Drahtes resultieren, definiert. Auf eine zusätzliche Betrachtung der Maschinenvorschubgeschwindigkeit als drittem möglichen Variationsparameter wurde verzichtet. Aus vorangegangenen eigenen Untersuchungen und der einschlägigeren Literatur ist bekannt, dass der Einfluss von Variationen der Maschinenvorschubgeschwindigkeit sowohl durch eine Veränderung der Laserleistung als auch eine erhöhte bzw. verringerte Drahtvorschubgeschwindigkeit und ein dadurch verändertes ρ_D gut abgebildet werden kann. Als Einschränkung sei darauf hingewiesen, dass dies allerdings nicht bedeutet, dass ein Versuch mit beliebiger Maschinenvorschubgeschwindigkeit bezogen auf einen Vergleichsversuch mit anderer v_M die gleichen Ergebnisse liefert, wenn die Streckenenergie und das Verhältnis von Draht- zu Maschinenvorschubgeschwindigkeit in beiden Versuchen gleich sind. Aufgrund der großen Anzahl von Prozesseinflussgrößen und der fragilen Schmelzbaddynamik sind LMD-w-Prozesse nur bedingt skalierbar. In der hier betrachteten Größenordnung der Parametervariation ist diese Skalierbarkeit aber gegeben.

In Abbildung 6-5 sind Aufsichten auf Schweißraupen aus unterschiedlichen LMD-w-Prozessen dargestellt. Dabei handelt es sich um den Zustand direkt nach dem Schweißprozess, ohne dass beispielsweise eine mechanische oder chemische Reinigung der Oberfläche stattgefunden hat.

Oben sind charakteristische Schweißraupen aus den reinen cw-Prozessen zu sehen, während unten Zweistrahl-Schweißraupen gezeigt werden, die mit 7500 Hz pw-Repetitionsrate und 74 W pw-Leistung erzeugt wurden. Die linke Seite zeigt Gesamtansichten dieser Schweißraupen. Auf der rechten Seite sind Detailansichten dieser Schweißraupen dargestellt. Es ist angegeben, welche kontinuierliche Laserleistung einerseits und welche Drahtvorschubgeschwindigkeit andererseits bei der Variation in diesen Beispielversuchen verwendet wurden. Es sei darauf hingewiesen, dass aus Platzgründen nicht alle Schweißraupen hier abgebildet werden können.

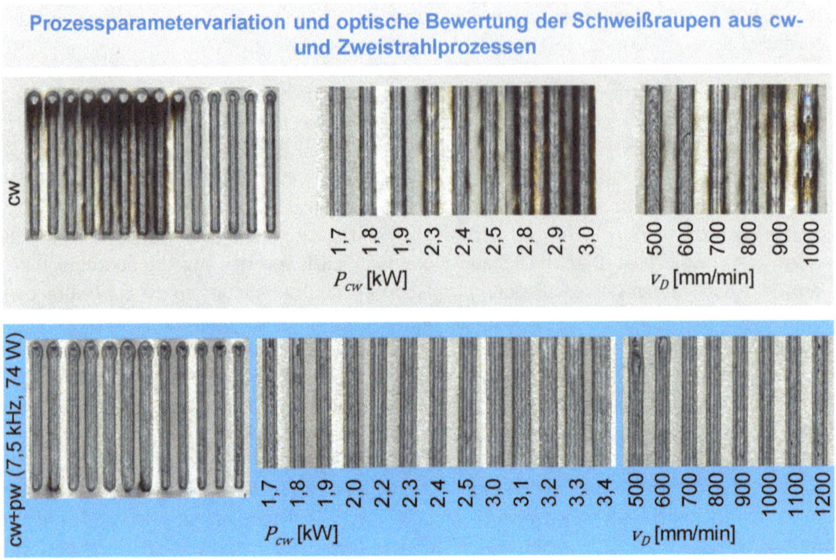

Abbildung 6-5: Aufnahmen charakteristischer Schweißraupen aus cw- (oben) und Zweistrahlprozessen bei einer pw-Leistung von 74 W und einer pw-Frequenz von 7,5 kHz (unten). Links: Beispielhafte Übersichtsaufnahmen, Mitte: Variation der kontinuierlichen Laserleistung P_{cw} (Drahtvorschubgeschwindigkeit v_D = 800 mm/min = const.), rechts: Variation der Drahtvorschubgeschwindigkeit v_D (kontinuierliche Laserleistung P_{cw} = 2300 W = const.) Die Maschinenvorschubgeschwindigkeit v_M war in allen Versuchen konstant (1100 mm/min).

Photographs of characteristic welding beads from cw (top) and dual-beam processes at a pw power of 74 W and a pw frequency of 7.5 kHz (bottom). Left: Exemplary overview images, middle: variation of continuous laser power Pcw (wire feeding rate v_D = 800 mm/min = const.), right: variation of wire feed speed v_D (continuous laser power P_{cw} = 2300 W = const.) The machine feeding rate v_M was constant in all experiments (1100 mm/min).

Wie bereits in Kapitel 6.1 wurde zur Bewertung der Schweißraupen der Fokus auf den mittleren Teil gelegt, in dem der Prozess in einem annähernd stationären Zustand verläuft. Die Start- und Endpunkte spielten bei der Bewertung eine untergeordnete Rolle. Bei makroskopischer Betrachtung der in Abbildung 6-5 gezeigten Schweißraupen ist zunächst auffällig, dass im reinen cw-Prozess eine starke Rußbildung auftritt. Dies trifft besonders auf die mit hoher cw-Leistung erzeugten Schweißraupen zu. Des Weiteren kommt es zu stärkerer Rußbildung, wenn durch eine zu hohe Drahtzufuhrgeschwindigkeit der Auftrag diskontinuierlich wird (siehe Schweißraupe mit v_D = 1000 mm/min). Bei den Zweistrahlraupen wurde lediglich eine sehr schwache Rußbildung an einigen Startpunkten festgestellt. Gleiches zeigte sich bei den entsprechenden Untersuchungen mit 48 und 97 W pw-Leistung. Der Zweistrahlprozess vermindert demnach in hohem Maße die Rußbildung, die aus der Oxidation der Schweißraupenoberfläche und der Verbrennung von verdampften Partikeln resultiert. In Anbetracht der bisher gemachten Beobachtungen ist diese verminderte Neigung zur Rußbildung im Zweistrahlprozess auf die Verdrängung von Sauerstoff aus der Prozesszone zurückzuführen. Diese wird durch die Metalldampfbildung ermöglicht. Durch die sich ausbreitende Dampfwolke wird die Umgebungsluft daran gehindert, bis in die Prozesszone einzudringen. Oxidationsprozesse, die bei hohen Temperaturen verstärkt ablaufen, werden unterdrückt. Sauerstoffmoleküle, die dennoch in die Prozesszone gelangen, reagieren mit den Dampfpartikeln, statt mit der Schmelzbadoberfläche zu oxidieren. Da die Oxidation ein Indikator für einen tendenziell instabil verlaufenden Prozess ist, bei dem entweder zu hohe Temperaturen auftreten oder zu wenig Schutzgas vorhanden ist, kann bereits aus dem grundsätzlichen Ausbleiben der Oxidation bzw. verminderter Rußbildung eine höhere Stabilität der Zweistrahlprozesse im Vergleich zum cw-Prozess abgeleitet werden.

Neben der Rußbildung wurden die Schweißraupen anhand der Oberflächenkriterien Kontinuität bzw. Riss- und Porenfreiheit bewertet. Bei der Variation der Drahtvorschubgeschwindigkeit wurde beobachtet, dass im cw-Prozess bereits oberhalb von 900 mm/min pro Minute starke Unterbrechungen der Schweißraupe auftreten. Aufgrund der hohen Drahtvorschubgeschwindigkeit erfolgt das Abschmelzen des Drahtes nicht mehr kontinuierlich beim Eintauchen in das Schmelzbad, sondern tropfenweise weiter oben im Laserspot. Bei einigen Versuchen trat ein Kratzen des nicht vollständig aufgeschmolzenen Drahtes durch das Schmelzbad auf. Im Vergleich dazu konnte die Drahtvorschubgeschwindigkeit im Zweistrahlprozess mit 7500 Hz und 74 W bis auf 1200 mm/min erhöht werden, ohne dass prozessunterbrechende Fehler auftraten. In der Aufsicht sind lediglich kleine Poren auszumachen, die auf ein unzureichendes Aufschmelzen bzw. eine höherviskose Schmelze hindeuten, die ein schnelles Schließen auftretender Poren verhindert.

Im Falle sehr kleiner Drahtgeschwindigkeiten um 500 bis 600 mm/min weisen die Schweißraupen des cw-Prozesses eine schuppige Oberfläche auf, wie ebenfalls im oberen Teil von Abbildung 6-5 zu erkennen ist. Das zugeführte Drahtvolumen ist nicht mehr durchgängig ausreichend, um eine stabile Draht-Schmelzbadinteraktion zu gewährleisten. Die Verbindung droht immer wieder abzubrechen und die Einschnürung nimmt zu. Im Zweistrahlprozess wird hier ebenso eine Verbesserung erzielt, da die Draht-Schmelzbad-Interaktion durch das nach oben gedrückte Schmelzbad stabilisiert wird. Es werden somit auch bei kleinen Drahtvorschubgeschwindigkeiten Schweißraupen mit ausreichender Oberflächenqualität erzeugt. Insgesamt wird festgehalten, dass im Zweistrahlprozess die Drahtvorschubgeschwindigkeit in einem größeren Bereich variiert werden kann, ohne dass der Prozess abbricht. Diese Beobachtung wird als Prozessstabilisierung eingeordnet.

In Bezug auf die Variation der kontinuierlichen Laserleistung wird ebenfalls eine Vergrößerung des möglichen Variationsbereichs im Zweistrahlprozess beobachtet. Wie bereits erwähnt, werden im Bereich sehr hoher Leistungen auftretende Oxidations- und Verbrennungserscheinungen minimiert. Analog wurde festgestellt, dass im cw-Prozess nur eine geringere Reduktion der Leistung möglich ist als im Zweistrahlprozess. Als Abbruchkriterium beim Absenken der Leistung wurde das Kratzen des Drahtes durch das Schmelzbad aufgrund unzureichender Abschmelzleistung herangezogen. Die cw-Leistung konnte im Rahmen der durchgeführten Versuchsreihe im cw+pw-Prozess stellenweise bei immer noch guter Schweißraupengeometrie um bis zu 400 W stärker verringert werden als im reinen cw-Prozess. Dies ist nicht allein mit der zusätzlichen pw-Leistung im cw+pw-Prozess erklärbar, die hier maximal 97 W betrug. Stattdessen wird durch die vergrößerte Absorption eine bessere Wärmeeinkopplung erreicht, die das vollständige Abschmelzen selbst bei deutlich geringeren Leistungen noch ermöglicht. Diese Prozessergebnisse spiegeln folglich gut die Erkenntnisse aus den Grundlagenversuchen wider.

In Abbildung 6-6 sind die für die drei verwendeten Zweistrahl-Konfigurationen und den cw-Prozess ermittelten Prozessfenster in Bezug auf die cw-Laserleistung und die Drahtvorschubgeschwindigkeit grafisch dargestellt. Der cw-Bereich ist zudem zur besseren Vergleichbarkeit durchgängig schraffiert.

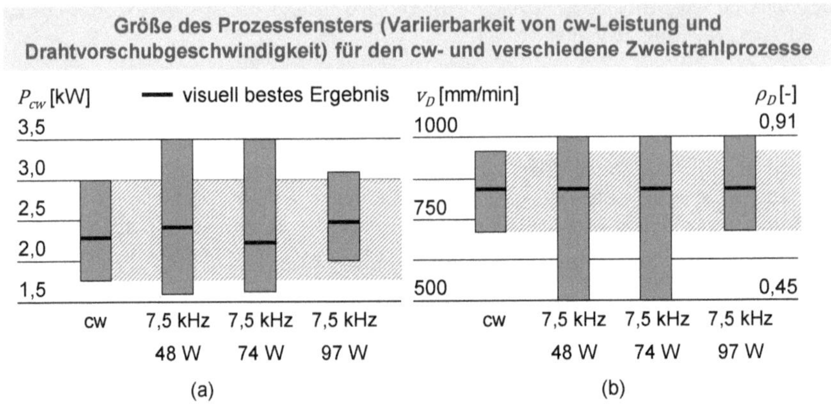

Abbildung 6-6: Darstellung der pw-Parameter-abhängigen Prozessfenstervergrößerung. (a) Möglicher Variationsbereich der kontinuierlichen Laserleistung bei konstanter Drahtvorschubgeschwindigkeit von 800 mm/min. (b) Möglicher Variationsbereich der Drahtvorschubgeschwindigkeit bei konstanter cw-Leistung von 2400 W.

Illustration of the pw parameter-dependent process window increase. (a) Possible variation range of continuous laser power at constant wire feeding speed of 800 mm/min. (b) Possible variation range of wire feeding speed at constant cw power of 2400 W.

Es ist gut erkennbar, dass der modulierte Laserstrahl im Falle kleiner und mittlerer Leistungen ein deutlich größeres Prozessfenster ermöglicht. Die Grenzwerte des Prozessfensters wurden im Zweistrahlprozess verglichen mit dem cw-Referenzprozess um bis zu 30 % erhöht bzw. verringert. Bei der größten pw-Leistung von 97 W tritt der Effekt nicht bzw. weniger stark auf. Dies ist damit zu begründen, dass in diesem Fall die wirkende pw-induzierte Kraft sehr groß ist und große Schmelzbadbewegungen erzeugt. Werden diese zu groß, hat der pw-Laser einen negativen Einfluss auf den Prozess und die Draht-Schmelzbad-Interaktion, wie bereits bei den Untersuchungen zur Oberflächenrauheit beobachtet.

Zusammenfassend belegen die Untersuchungen deutlich, dass durch das Zusammenspiel von erhöhter Absorptionsfähigkeit im Metalldampf und der Kraftwirkung der Dampfwolke auf den Bereich der Draht-Schmelzbad-Interaktion eine größere Prozessstabilität erreicht wird. Daraus ergibt sich ein vergrößertes Prozessfenster und eine höhere Resilienz des Prozesses in Bezug auf Störeinflüsse wie Schwankungen der Drahtzufuhrgeschwindigkeit. Des Weiteren zeigt sich, dass kleinere und mittlere pw-Laserleistungen die Prozessstabilisierung stärker begünstigen als hohe.

6.3 Gesamtgestaltungsmodell Zweistrahl-LMD-w-Prozess

Overall Design Model for Dual-Beam LMD-w

In diesem Teilkapitel wird anhand der erlangten Erkenntnisse ein Gesamtgestaltungsmodell für den Zweistrahl-LMD-w-Prozess abgeleitet.

Aus den bisherigen Untersuchungsergebnissen wird geschlussfolgert, dass die Prozessstabilisierung im Zweistrahlprozess auf die Zusammenwirkung der untersuchten Effekte (veränderte Absorption und Kraftwirkung auf die Schmelze) hervorgerufen wird. Das Modell muss folglich beide Effekte und ihre Wirkung auf den Prozess berücksichtigen. Es wurde gezeigt, dass die erhöhte Absorption durch die Präsenz der Dampfwolke die Abschmelzleistung erhöht und die Viskosität der Schmelze senkt. Daraus ergibt sich eine erhöhte Fließfähigkeit der Schmelze, was dazu führt, dass aus der Schmelzbaddynamik entstehende Unebenheiten besser ausgeglichen werden, da zusätzlich die Erstarrung verlangsamt wird. Die Kraftwirkung, die aus der Expansion des Dampfes resultiert, stabilisiert die Draht-Schmelzbad-Interaktion. Allerdings wurde demonstriert, dass eine zu große Kraft eine negative Wirkung auf den Prozess besitzt, da Schmelzbadbewegungen mit großer Amplitude erzeugt werden. Diese führen im schlimmsten Fall zu einer Unterbrechung der Verbindung zwischen Draht und Schmelzbad.

Bei der Modellbildung erfolgt deshalb eine Einteilung nach den beiden Zielgrößen Viskosität und Draht-Schmelzbad-Interaktion sowie den Prozessparameterbereichen, in denen die Einflussfaktoren positiven oder negativen Einfluss auf den Prozess besitzen. Auf die Betrachtung der Abschmelzleistung als gesonderte Größe wird verzichtet, da sie alleingestellt im Vergleich einen geringeren Einfluss besitzt und darüber hinaus über die Viskosität indirekt mit abgebildet wird.

Grundsätzlich wurde gezeigt, dass die Absorption mit der pw-Leistung steigt und mit der Repetitionsrate aufgrund der Abschirmeffekte sinkt. Um die prozesstechnisch wünschenswerte geringe Viskosität der Schmelze zu erreichen, muss entsprechend ein Zweistrahlprozess mit höherer Leistung und geringerer Frequenz gewählt werden. Wird die Leistung zu groß, wurde allerdings ein Abfall der Absorption beobachtet, der auf eine Dampfübersättigung zurückgeführt wurde. Alternativ wurde ermittelt, dass ein Prozess mit hoher Frequenz und geringer Leistung ebenfalls einen hohen Absorptionsgrad begünstigt, da durch die schnelle Folge von Pulsen mit geringer Verdampfungsmenge eine zeitlich stabile Dampfwolke erzeugt wird.

Die Kraft auf das Schmelzbad muss ausreichend groß sein, um den Übergangsbereich zwischen Draht und Schmelze zu stabilisieren und unregelmäßige Schmelzbadoszillationen zu unterbinden. Dies ist für den gesamten betrachteten Frequenzbereich schon bei geringen Leistungen der Fall. Bei den Bearbeitungsfrequenzen 5000 Hz und 7500 Hz wurde für den höheren jeweils verfügbaren Leistungsbereich eine destabilisierende Wirkung auf die Draht-Schmelzbad-Interaktion festgestellt. Dieser Parameterbereich muss folglich vermieden werden. Bei der Bearbeitungsfrequenz von 10000 Hz sind die Kräfte aufgrund der Abschirmung geringer; ein Abriss zwischen Draht und Schmelzbad wurde selbst bei hohen Leistungen nicht beobachtet.

Insgesamt ergibt sich deshalb ein optimaler Bearbeitungsbereich bei mittleren bis hohen Pulsfrequenzen und geringen bis moderaten pw-Leistungen, jeweils bezogen auf die in dieser Arbeit untersuchten Prozessparameterräume zwischen 5000 und 10000 Hz bzw. 40 und 120 W.

In Abbildung 6-7 sind diese Rückschlüsse grafisch in einem Prozessmodell zusammengefasst.

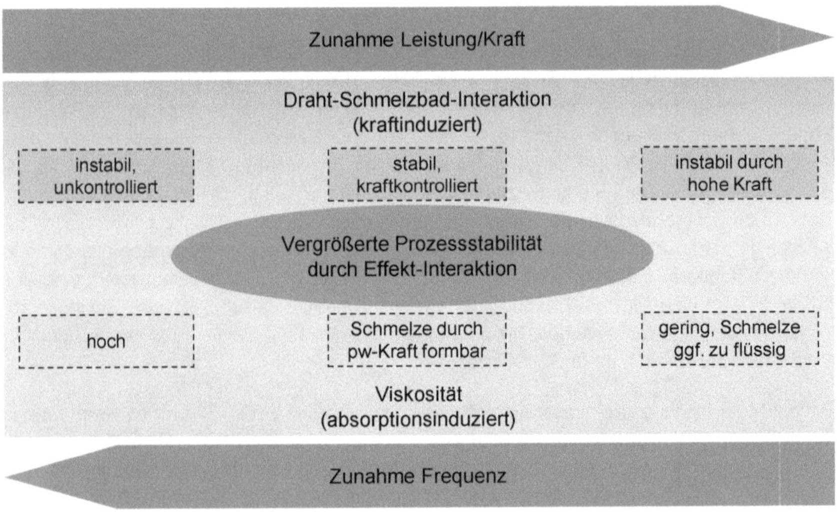

Abbildung 6-7: Schematische Darstellung des Gesamtmodells zur Beschreibung des pw-Laser-Einflusses auf den Zweistrahl-LMD-w-Prozess.
Schematic representation of the global model describing the pw laser influence on the dual-beam LMD-w process.

6.4 Zwischenfazit
Interim Conclusion

Die Ergebnisse zur Untersuchung des schmelzbaddynamischen Verhaltens im Zweistrahl-LMD-w belegen, dass die Schmelzbaddynamik in hohem Maße durch das Zusammenspiel von Absorption und pw-induzierter Kraft beeinflusst wird. Die durch den Pulslaser erhöhte Absorption führt zu einer verringerten Schmelzbadviskosität, sodass die Schmelze das Substrat besser benetzt und Oberflächenunebenheiten durch das bessere Fließverhalten ausgeglichen werden. Gleichzeitig erlaubt die verringerte Viskosität ein besseres Reaktionsvermögen der Schmelze auf die von außen wirkenden Kräften. Im speziellen Fall des Zweistrahl-LMD-w bedeutet dies, dass die Form des Schmelzbades in hohem Maße durch die erzeugte Dampfwolke bzw. die von ihr ausgehenden

Expansionskräfte beeinflusst wird. Die pw-induzierte, hochfrequente Verdrängung der Schmelze sorgt dafür, dass im Einstrahl-LMD-w auftretende unregelmäßige Schmelzbadoszillationen unterbunden werden. Das Ergebnis ist zum einen eine reduzierte Oberflächenrauheit der Schweißraupen. Zum anderen folgt eine größere Stabilität der Draht-Schmelzbad-Interaktion. Da die Prozessstabilität insgesamt von der Stabilität der Verbindung zwischen Draht und Schmelzbad abhängt, werden die Parameterfenster, in denen eine Variation der Hauptprozessparameter (Drahtvorschubgeschwindigkeit und cw-Laserleistung) möglich ist, im Zweistrahlprozess deutlich vergrößert. Dies gilt insbesondere für Zweistrahlprozesse mit kleineren resultierenden pw-Kräften. Werden die Kräfte zu groß, kommt es zu einer Aufwirbelung des Schmelzbades, sodass wieder höhere Rauheiten auftreten und das Risiko des Abrisses zwischen Draht und Schmelze steigt. Diese Ergebnisse sind als Beantwortung der in Kapitel 3 formulierten Forschungsfrage 3 in Bezug auf Einzelschweißraupen einzuordnen. Die angenommene Größenordnung der Prozessfenstervergrößerung wurde bestätigt.

Die Teilmodelle aus den vorherigen Untersuchungen wurden in ein Gesamtgestaltungsmodell für den Zweistrahl-LMD-w-Prozess überführt. Das Modell berücksichtigt die Interaktion der Effekte in Bezug auf die resultierende Prozessstabilität und grenzt die Parameterbereiche des pw-Laserstrahls ab, in denen die stabilisierende Wirkung auftritt. Zur Validierung des Modells werden in den folgenden Kapiteln Experimente zum 3D-Aufbau mit dem Zweistrahlprozess durchgeführt. Durch Aufstellung des Modells wurde Forschungsfrage 4 dieser Arbeit beantwortet.

7 Validierung anhand des Schicht- und dreidimensionalen Auftrags

Validation by Layer and 3D Deposition

Die vorangegangenen Untersuchungen beweisen, dass vom modulierten Laserstrahl im Zweistrahlprozess eine prozessstabilisierende Wirkung auf den LMD-w-Prozess im Falle des Auftrags von Einzelschweißraupen ausgeht. Die Parameterbereiche, in denen der Prozess stabil abläuft, werden durch die verbesserte Wärmeeinkopplung und die kraftbasierte Stabilisierung der Draht-Schmelzbad-Interaktion vergrößert. Beschreibungsmodelle zur Wirkung der Einzeleffekte und ihrer Aktion auf den Prozess wurden erarbeitet. Im folgenden Kapitel wird die in den Modellen abgebildete Prozessstabilisierung anhand des Auftrags von Schichten und 3D-Geometrien validiert.

Die Ergebnisse aus den Grundlagenversuchen legen nahe, dass mithilfe des Zweistrahlprozesses nicht nur die reine Prozessstabilität erhöht wird, sondern dass durch die größere Prozessstabilität ebenso die Bauteilqualität gesteigert wird. Zur Bewertung der Bauteilqualität werden in dieser Arbeit zwei Hauptaspekte betrachtet. Dies ist einerseits die Oberflächengeometrie der hergestellten 3D-Quader, die in den folgenden Teilkapiteln 7.1 bis 7.3 erforscht wird. Andererseits besitzt die Mikrostruktur der additiven Bauteile einen entscheidenden Einfluss auf die resultierenden makroskopischen Bauteileigenschaften. In Kapitel 7.4 erfolgt deshalb eine Gefügebetrachtung.

7.1 Einfluss der Schichtoberfläche auf die Prozessstabilität

Influence of Layer Surface State on Process Stability

Um die These dieser Arbeit, eine höhere Prozessstabilität im 3D-Aufbau über die bessere Oberflächenqualität im Zweistrahlprozess zu erreichen, zu validieren, ist zunächst zu demonstrieren, dass die Oberflächeneigenschaften die 3D-Prozessstabilität generell beeinflussen. Diese Untersuchungen sind Gegenstand dieses Teilkapitels.

Die in dieser Arbeit betrachteten Hauptqualitätsparameter für Oberflächen sind die Rauheit sowie die Welligkeit. Dabei ist die Rauheit tendenziell als mikroskopische Oberflächeneigenschaft und die Welligkeit als makroskopischer Parameter aufzufassen. Ein Vergleich der Signifikanz der beiden Größen ist durch eine einfache Betrachtung möglich. Zwar besitzt die Rauheit einen Einfluss auf die finalen Bauteileigenschaften, da sie die optischen und tribologischen Eigenschaften der Oberfläche mitbestimmt. Sie entscheidet somit darüber, welche Feinbearbeitungsschritte und in welchem Umfang diese gegebenenfalls notwendig sind, um die gewünschten Oberflächeneigenschaften einzustellen. Allerdings muss in der Regel zunächst die makroskopische Welligkeit entfernt werden, um eine ebene Oberfläche zu erhalten. Somit spielt die Rauheit der Einzelschweißraupen nach dem LMD-w nur in den Fällen eine Rolle, in denen das Bauteil ohne makroskopische Nachbearbeitung eingesetzt wird. Prozessseitig ist festzustellen, dass die Oberfläche der bereits vorhandenen Schweißraupen beim Auftrag der nächsten Schicht vollständig aufgeschmolzen wird, um eine metallurgische Verbindung zwischen den einzelnen Schweißraupen herzustellen. Die Rauheit einer bereits vorhandenen Schicht besitzt demnach einen untergeordneten Einfluss auf den Auftrag der folgenden Schicht, was die Verteilung der Schmelze betrifft. Gleichzeitig ist möglich, dass eine mikroskopisch raue Oberfläche die Einkopplung der Laserstrahlung in das

Werkstück positiv beeinflusst, da diffuse Reflexionen auftreten und der Reflexionsgrad sinkt (siehe Kapitel 2.1). Im Rahmen dieser Arbeit wurde allerdings keine merkliche Veränderung des Prozesses beobachtet, wenn lediglich die Rauheit der Einzelschweißraupen verändert wurde. Es wird folglich festgehalten, dass die Oberflächenrauheit nur einen untergeordneten Einfluss auf die Prozessstabilität besitzt.

Mit ähnlichen Überlegungen wird der Einfluss der Oberflächenwelligkeit beurteilt. Bei einer LMD-w-Oberfläche mit großer Welligkeit liegen zwischen den einzelnen Schweißraupen tiefe Täler, in denen kein Material vorhanden ist. Ist die Viskosität der Schmelze gering, werden die Täler beim Auftrag der nächsten Schicht gefüllt, da die Schmelze die Tendenz hat, die gesamte Oberfläche zu benetzen. Ist die Schmelze allerdings höherviskos, ist anzunehmen, dass die Schmelze sich nicht gut verteilt. Wird die Position der Schweißraupen über die Schichten nicht verändert, steigert sich die Tiefe der Täler mit der Schichtanzahl. Ab einer bestimmten Welligkeit ist die Oberfläche so stark zerklüftet, dass der Prozessverlauf instabil wird und signifikante Prozessfehler auftreten, da insbesondere beim Prozessstart kein stabiles und ebenes Schmelzbad gebildet wird, dem der Draht reproduzierbar zugeführt werden kann. Zudem führt die Welligkeit zu einem stark dynamischen Verhalten des Schmelzbades, wenn dieses im Prozessverlauf über das Werkstück bewegt wird, und der Kontaktverlust zwischen Draht und Schmelzbad wird wahrscheinlicher. Dies wird im Folgenden nachgewiesen.

Um die Prozessstabilität in Abhängigkeit von der Welligkeit zu beurteilen, wurden Schichten mit verschiedenen Oberflächenwelligkeiten hergestellt, auf die anschließend weiter aufgebaut wurde. Um sicherzustellen, dass ausschließlich die geometrische Welligkeit verändert wird, nicht aber die Prozessparameter selbst, wurde der reine cw-Prozess verwendet. Die Parameter cw-Laserleistung $P_{cw} = 2300$ W, Maschinenvorschubgeschwindigkeit $v_M = 1100$ mm/min und Drahtvorschubgeschwindigkeit $v_D = 800$ mm/min aus den vorherigen Versuchsreihen wurden erneut verwendet. Die unterschiedlichen Welligkeiten wurden durch die Variation des Abstandes zwischen den Einzelschweißraupen eingestellt. Um den Bahnabstand der Schweißraupen mathematisch zu beschreiben, ohne die eigentliche Schweißraupengeometrie zu berücksichtigen, wurde der Bahnabstandsfaktor j eingeführt:

$$d_S = j \cdot \frac{b_s}{2} \quad (7\text{-}1)$$

d_s ist der Bahnabstand und b_s ist die Schweißraupenbreite. Wenn $j = 2$ ist, liegen die Schweißraupen demnach so weit auseinander, dass sie sich an ihrem äußersten Punkt gerade berühren. Ist $j = 1$, überlappen die beiden Schweißraupen sich zur Hälfte. Als weitere Vergleichsgröße dient neben der Schweißraupenhöhe h_s die von der Substratoberfläche aus gemessene Materialhöhe im Tal zwischen zwei Schweißraupen h_t.

Mit den genannten Prozessparametern wurden für Werte des Bahnabstandfaktors j zwischen 1,1 und 2 je zehn Schweißraupen von 50 mm Länge nebeneinander aufgetragen. Anschließend wurden die Oberflächen mittels Messungen mit dem ALICONA G5 charakterisiert. Dazu wurde das Schichtprofil wie zuvor an Einzelschweißraupen in einem 800 µm langen Bereich in der Mitte der Schweißung an 500 Stellen erfasst. Die Einzelprofile wurden zu einem Gesamtprofil gemittelt. In

Abhängigkeit von dem Bahnabstandsfaktor wurde analysiert, für welche Bahnabstände eine Materialstauchung ($h_t \geq h_s$) auftritt. Aufgrund der zunehmenden Materialakkumulation in der Bauteilmitte sind diese Bereiche nicht für den Schichtaufbau geeignet. Abbildung 7-1 visualisiert den von *j* abhängigen Stauchungsbereich für die hergestellten Schichten und stellt exemplarisch einige der zugehörigen gemittelten Schichtprofile dar.

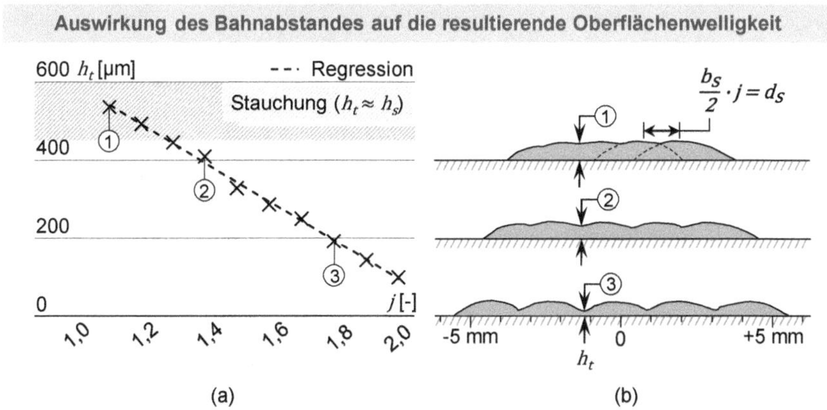

Abbildung 7-1: a) Materialhöhe in den Schweißraupentälern in Abhängigkeit von dem gewählten Bahnstand j. b) Charakteristische zugehörige Profilverläufe. cw-Leistung 2300 W, Drahtvorschubgeschwindigkeit 800 mm/min, Maschinenvorschubgeschwindigkeit 1100 mm/min, kein Pulslaser.

a) Material height in the valleys between welding beads as a function of the track distance factor j. b) Associated characteristic layer profiles. cw power 2300 W, wire feeding speed 800 mm/min, machine feeding speed 1100 mm/min, no pulsed laser.

Es ist erkennbar, dass ein Bahnabstandsfaktor zwischen 1,1 und 1,3 zu einer Stauchung und somit Materialakkumulation zwischen den Schweißraupen führt. Für höhere Bahnabstandsfaktoren tritt dies nicht auf. Gleichzeitig wurde festgestellt, dass für einen Bereich von $1{,}4 \leq j \leq 1{,}6$ vergleichsweise ebene Schichten (ähnliche Höhe von Schweißraupen und Tälern) entstehen. Für $j > 1{,}6$ besitzen die Schichten eine visuell starke Welligkeit.

Die mathematische Welligkeit w_s wurde im Folgenden durch Mitteln der Höhendifferenzen zwischen Schweißraupen und Tälern über die Schicht bestimmt (siehe auch Abbildung 7-3). Um im Anschluss einen Zusammenhang zwischen Ausgangswelligkeit und Prozessstabilität herzustellen, wurden auf die erzeugten Schichten weitere Schichten mit gleichem Bahnabstand aufgetragen. Die Z-Höhe für den Auftrag wurde entsprechend der ermittelten Schichthöhen für jede zusätzliche Schicht in 0,3 mm-Schritten angehoben. Der 3D-Aufbau wurde so lange fortgesetzt, bis ein Prozessabbruch aufgrund einer großen Abweichung von der Sollgeometrie erfolgte. Prozessabbruchkriterien waren eine Unterbrechung der Schweißraupe während des Auftragprozesses, ein Festschweißen des Drahtes während oder am Ende des Auftrages sowie ein fehlerhafter Prozessstart. Bei den Prozessstartfehlern konnte der Draht aufgrund der Geometrieabweichungen dem

Schmelzbad nicht ordnungsgemäß zugeführt werden, sodass es zur seitlichen Drahtauslenkung kam (siehe Kapitel 2.3.3).

Tabelle 7-1 zeigt den Zusammenhang zwischen Bahnabstandsfaktor *j*, der resultierenden Ausgangswelligkeit der ersten Schicht und die ohne signifikante Prozessfehler auftragbaren Schichten. Wenn bis zu zwölf Schichten fehlerfrei aufgetragen werden konnten, wurde dies als grundsätzlich ausreichend für einen AM-Prozess betrachtet und der Versuch nicht weiter fortgesetzt.

Tabelle 7-1: Anzahl der ohne signifikante (zum Prozessabbruch führende) Oberflächendefekte auftragbaren Schichten in Abhängigkeit von der Ausgangswelligkeit.
Number of applicable layers without significant surface defects (leading to process breakup) depending on initial waviness.

Bahnabstandsfaktor j [-]	Gemittelte Welligkeit der ersten Schicht [µm]	Anzahl der ohne kritische Prozessfehler auftragbaren Schichten [-]
1,4	122	12
1,5	131	12
1,6	143	10
1,7	157	8
1,8	165	6
1,9	178	5
2,0	190	4

Bei Betrachtung der Ergebnisse ist direkt erkennbar, dass eine geringere Ausgangswelligkeit die Prozessstabilität des 3D-Aufbaus positiv beeinflusst. Je geringer die Welligkeit ist, desto mehr Schichten können ohne Prozessabbrüche aufgeschweißt werden. Die Bahnabstände, die visuell bereits eine größere Ebenheit der Schichten erzeugten, eignen sich somit besser für den additiven Aufbau. Somit wurden Forschungsfrage 1 beantwortet und die verknüpfte Hypothese bestätigt.

Umgekehrt lässt sich aus diesen Ergebnissen ableiten, dass eine prozesstechnische Reduktion der Oberflächenwelligkeit im Allgemeinen, d.h. auch durch andere Ansätze als die Veränderung des geometrischen Bahnabstands, einen stabileren 3D-Aufbau erlaubt. Im nächsten Kapitel wird analysiert, ob und wie die Beeinflussung der Oberflächenwelligkeit im Zweistrahlprozess möglich ist.

7.2 Verkleinerung der Oberflächenwelligkeit

Decrease of Surface Waviness

Im vorangehenden Kapitel wurde demonstriert, dass eine reduzierte Oberflächenwelligkeit die Prozessstabilität in der additiven Fertigung mit LMD-w erhöht. In diesem Kapitel wird darauf aufbauend erforscht, wie die Manipulation des Schmelzbadverhaltens und der Schweißraupengeometrie im Zweistrahlprozess die Oberflächenwelligkeit im Vergleich zum konventionellen LMD-w bedingt.

Mit den bereits in Kapitel 6.2 zur Untersuchung der Prozessstabilität beim Auftrag von Einzelschweißraupen verwendeten Parametern (cw-Laserleistung P_{cw} = 2300 W, Maschinenvorschubgeschwindigkeit v_M = 1100 mm/min und Drahtvorschubgeschwindigkeit v_D = 800 mm/min, pw-Frequenz 7500 Hz und pw-Leistung variabel bei 48, 74 und 97 W) wurden Quader gefertigt, um den Einfluss der modulierten Laserstrahlung auf den 3D-Aufbau zu untersuchen. Dazu wurden Schichten aus zehn nebeneinanderliegenden Schweißraupen von 50 mm Länge verwendet. Auf Basis der Ergebnisse aus 7.1 wurde ein Bahnabstandsfaktor von 1,4 gewählt. Dieser sorgte im cw-Prozess für eine besonders geringe Ausgangswelligkeit und ermöglichte einen stabilen additiven Aufbau. Als Z-Offset zwischen den Schichten wurde 0,3 mm eingestellt. Mit jeder Parameterkombination wurden fünf Bauteile gefertigt.

Abbildung 7-2 zeigt beispielhaft Bauteile aus dem reinem cw- und zwei Zweistrahlprozessen nach dem Auftrag von jeweils sechs, neun bzw. zwölf Schichten.

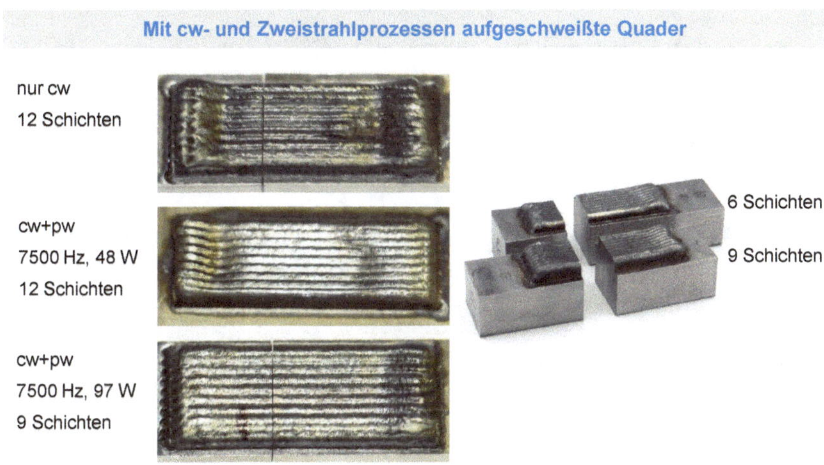

Abbildung 7-2: Beispielhafte Aufnahmen der erzeugten Probengeometrien. cw-Leistung 2300 W, Drahtvorschubgeschwindigkeit 800 mm/min, Maschinenvorschubgeschwindigkeit 1100 mm/min.

Exemplary captures of the built test geometries. cw power 2300 W, wire feeding speed 800 mm/min, machine feeding speed 1100 mm/min.

Makroskopisch betrachtet weist der Quader des cw-Prozesses im Vergleich die inhomogenste Oberfläche auf. Wie bei den Einzelschweißraupen in Kapitel 6.2 ist eine verstärkte Ruß- bzw. Oxidbildung zu identifizieren. Die Abweichung von der Sollgeometrie in den Start- und Endpunkten der Schweißraupen durch auftretende Materialakkumulation ist für die cw-Probe ebenfalls maximal. Die Oberflächenwelligkeit scheint visuell für die Probe des pw-Prozesses mit 48 W am geringsten zu sein. Die Materialakkumulation an den Seiten ist für die mit 97 W pw-Leistung hergestellte Probe am geringsten. Es ist allerdings zu berücksichtigen, dass bei dieser Probe nur neun Schichten ohne kritische Prozessfehler aufgetragen werden konnten. Die makroskopische Geometrieabweichung an den Kopfseiten der Proben war nach sechs bzw. neun Schichten für den Prozess mit 48 W pw-Leistung noch deutlich weniger ausgeprägt, wie es die Vergleichsaufnahmen belegen. Die auf einigen Aufnahmen bereits aus den Quadern herausgetrennten Proben wurden im Anschluss metallografisch präpariert und untersucht. Die Analyse der Mikrostrukturen erfolgt in Kapitel 7.4.

Zur Analyse der Oberflächenwelligkeit beim 3D-Aufbau in Abhängigkeit von der Schichtanzahl und den verwendeten Pulslaserstrahlparametern wurden beim Aufbau jeweils nach einer, drei, sechs, neun und zwölf Schichten Oberflächenprofile mit dem InfiniteFocus G5 aufgenommen. Die Oberflächenprofile wurden wie zuvor aus 500 Messlinien gemittelt.

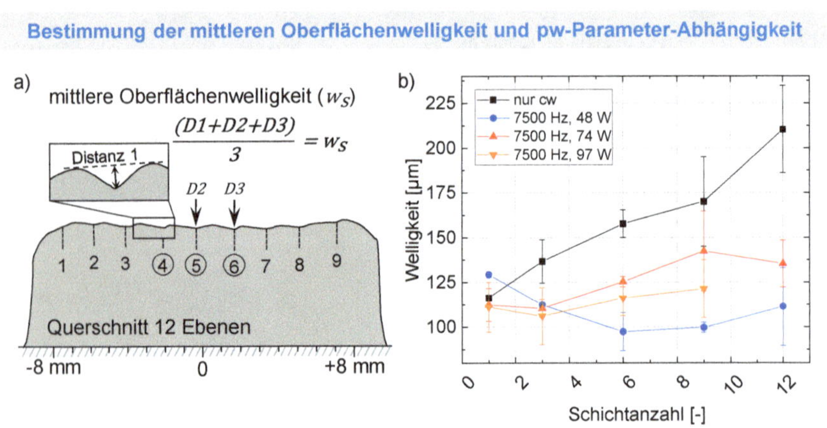

Abbildung 7-3: a) Messschema zur Bestimmung der mittleren Oberflächenwelligkeit. b) Welligkeit in Abhängigkeit der Schichtanzahl im cw- und Zweistrahl-LMD-w mit unterschiedlichen modulierten Laserstrahlparamatern. cw-Leistung 2300 W, Drahtvorschubgeschwindigkeit 800 mm/min, Maschinenvorschubgeschwindigkeit 1100 mm/min. Die Schweißrichtung ist senkrecht zur Bildebene.

a) Measurement principle for the determination of the mean surface waviness. b) Waviness as a function of the layer number in cw and dual-beam LMD-w with different modulated laser beam parameters. cw power 2300 W, wire feeding speed 800 mm/min, machine feeding speed 1100 mm/min. The welding direction is perpendicular to the image plane.

In Abbildung 7-3 ist auf der linken Seite schematisch das Messprinzip zur Welligkeitsbestimmung aus dem gemittelten Profil am Beispiel eines Quaders mit zwölf Ebenen dargestellt. Der Graph auf der rechten Seite zeigt die ermittelten Welligkeiten in Abhängigkeit von der Schichtanzahl und den verwendeten Laserstrahlparametern. Der Übersichtlichkeit halber wurden Linien zwischen den Messpunkten eingefügt.

Die Welligkeit wurde wie im vorherigen Kapitel bestimmt, indem zunächst die Höhendifferenzen zwischen Tälern zwischen den Schweißraupen und den maximalen Höhen der angrenzenden Schweißraupen gemessen wurden. Im nächsten Schritt wurde die Durchschnittsdifferenz zwischen den Messwerten berechnet und als Welligkeit definiert. Während der Messungen wurde festgestellt, dass die Welligkeit in der Mitte der Quader signifikant größer war als an den Seiten, wie es beispielhaft der Querschnitt in Abbildung 7-3 visualisiert. Aus diesem Grund wurden für die Auswertung der Welligkeit lediglich die drei Schweißraupentäler in der Quadermitte (4-6) verwendet. Somit wurden Maximalwelligkeiten der Profile miteinander verglichen.

Die grafische Darstellung der Welligkeitsverläufe zeigt, dass die Welligkeit nach nur einer aufgeschweißten Schicht für alle verwendeten Laserstrahlparameter dicht beieinander liegt. Mit zunehmender Schichtanzahl sind allerdings deutliche Unterschiede zwischen dem reinen cw-Prozess und den drei verschiedenen Zweistrahl-Konfigurationen identifizierbar.

Die Welligkeit der mit dem cw-Prozess hergestellten Quader nimmt stetig mit der Schichtanzahl zu. Ab der dritten Schicht liegt sie deutlich erkennbar über den Welligkeiten der mit den Zweistrahlprozess aufgeschweißten Proben. Nach zwölf Schichten ist die Welligkeit in der Mitte des cw-Bauteils fast zwei Mal so groß wie die Welligkeit des Quaders, bei dem der modulierte Laserstrahl mit 7500 Hz und 48 W eingesetzt wurde. Der Aufbau der Quader mit den drei verschiedenen Zweistrahlprozessen verlief stark unterschiedlich. Bei dem Prozess mit der größten pw-Leistung von 97 W traten mit zunehmender Schichtanzahl deutliche Prozessunregelmäßigkeiten in Form von Schweißraupenunterbrechungen auf. Es konnten nicht mehr als neun Schichten aufeinander aufgetragen werden, da der Prozess danach abbrach (siehe fehlende Messwerte in der Grafik). Bis zur neunten Schicht nimmt die Welligkeit wie beim cw-Prozess tendenziell zu. Die Welligkeit ist allerdings deutlich kleiner als im cw-Prozess (124 µm gegenüber 172 µm nach neun Schichten). Der Prozess mit der mittleren modulierten Laserleistung von 74 W weist einen ähnlichen Verlauf der Welligkeit über die Schichtanzahl auf, wenn auch mit etwas höheren Welligkeitswerten. Zudem war in diesem Fall ein problemloser Aufbau einer Probe mit zwölf Schichten möglich. Im Vergleich zu den Zweistrahlprozessen mit hoher bzw. mittlerer pw-Leistung besitzt die Kurve des Prozesses bei 48 W einen anderen Verlauf. Hier ist zunächst eine mit wachsender Schichtanzahl verminderte Welligkeit zu identifizieren, die erst nach etwa neun Schichten leicht zunimmt. Dieser Prozess führt bei einer Schichtanzahl > 3 eindeutig zu den kleinsten Oberflächenwelligkeiten im Vergleich zu den anderen pw- und dem cw-Prozess.

Im Folgenden werden Rückschlüsse aus diesen Beobachtungen gezogen. Der Welligkeitsverlauf der cw-Quader zeigt, dass sich die Welligkeit ohne Einflussnahme auf die Schmelzbadform und -dynamik stetig mit der Schichtanzahl erhöht. Da aus Kapitel 7.1 bekannt ist, dass die Prozessstabilität mit zunehmender Welligkeit sinkt, wird der 3D-Aufbau mit zunehmender Welligkeit immer instabiler. Die Resilienz des Prozesses in Bezug auf äußere Schwankungen ist kleiner. Zudem wird durch die generell größere Welligkeit der spanende Nachbearbeitungsaufwand größer, da zur Herstellung einer ebenen Bauteilkontur mehr Material abgetragen werden muss.

Die Ergebnisse der pw-Prozesse bestätigen die Beobachtungen aus den Untersuchungen zu Einzelschweißraupen. Die geringere Welligkeit wird in erster Linie dadurch erreicht, dass die Schmelze aufgrund der verstärkten Absorption in der Dampfwolke eine geringere Viskosität und somit verbesserte Fließeigenschaften besitzt. Es besteht eine Tendenz der Schmelze, die Schweißraupentäler der vorhandenen Schicht zu benetzen und aufzufüllen. Im Falle einer höherviskosen Schmelze wurde anhand von Highspeed-Aufnahmen stattdessen beobachtet, dass die Schmelze auf der unterhalb liegenden Schweißraupe „anhaftet“ und weniger in die Täler hineinfließt. Dies erklärt die grundsätzlich geringere Welligkeit der mit den cw+pw-Prozessen aufgeschweißten Blöcke. Das unterschiedliche Verhalten der drei betrachteten Zweistrahlprozesse wird auf die verschieden großen, auf das Schmelzbad wirkenden Kräfte zurückgeführt. Bei einer pw-Leistung von 97 W ist die induzierte Kraft sehr groß. Wie bereits bei den Rauheitsmessungen und bei der Analyse der Größe des Prozessfensters zu erkennen war, führt diese große Kraft zu Schmelzbadbewegungen großer Amplitude und in manchen Fällen zum Abriss der Verbindung zwischen Draht und Schmelzbad. Dies resultiert in Diskontinuitäten der Schweißraupen. Bei zunehmender Oberflächenwelligkeit sinkt die Prozessstabilität zusätzlich, sodass nur Bauteile mit neun Schichten aufgeschweißt werden konnten. Allerdings scheint die kraftinduzierte Schweißraupenquerschnittsgeometrie in Kombination mit der erhöhten Absorption zu einer etwas geringeren Oberflächenwelligkeit zu führen als die im Zweistrahlprozess mit 74 W modulierter Laserleistung. Der Prozess bei 74 W ist hinsichtlich der Stabilität und Welligkeit zwischen dem reinen cw-Prozess und dem Zweistrahlprozess bei der kleinen pw-Leistung von 48 W einzuordnen. Die erhöhte Absorption führt zu einer geringeren Viskosität, sodass die Welligkeit tendenziell reduziert wird. Gleichzeitig wirkt die bereits relativ große Kraft der Ausbreitung der Schmelze entgegen.

Bei der pw-Leistung von 48 W ist die verringerte Viskosität der dominierende Effekt und führt zu flachen Schweißraupen. Wie aus Kapitel 5.4 bekannt, ist der Einfluss der geringen Kräfte auf den Schweißraupenquerschnitt klein. Die Kraft ist dennoch groß genug, um die Draht-Schmelzbad-Interaktion und damit den Prozess insgesamt zu stabilisieren. Somit führt die Dampfwolke in diesem Falle insbesondere zur besseren Ausbreitung der Schmelze und final zur minimalen Welligkeit. Aus der Tatsache, dass die Welligkeit bei kleinen Schichtanzahlen zunächst abnimmt, wird geschlossen, dass eine größere Welligkeit das Fließen der Schmelze zusätzlich verstärkt. Je größer die Ausgangswelligkeit, desto größer ist also die Welligkeitsabnahme für zusätzliche Schichten bei kleinen pw-induzierten Kräften.

Insgesamt bestätigen die Ergebnisse dieses Kapitels, dass die Welligkeit für bestimmte Zweistrahlprozess-Konfigurationen reduziert wird und daraus eine höhere Prozessstabilität für den 3D-Aufbau folgt. Die Welligkeitsreduktion wird durch eine niedrigviskose Schmelze begünstigt, während große Kräfte auf das Schmelzbad die Welligkeit erhöhen.

7.3 Reduktion der Oberflächenkonturabweichung

Reduction of Surface Contour Deviation

Als weiteres makroskopisches Qualitätskriterium für die Bauteilgeometrie wurde neben der Welligkeit die geometrische Konturabweichung der Bauteiloberfläche untersucht. Ein charakteristisches Phänomen bei der LMD-w-Herstellung von Bauteilen ist, dass die äußere Bauteilkontur von der Sollgeometrie abweicht. Oft wird beobachtet, dass die Aufbaufläche in der Bauteilmitte in Bezug zu den Kanten eine Absackung aufweist. Die Größenordnung der Geometrieabweichung geht dabei über die der bereits beschriebenen Welligkeit hinaus. Dieses Phänomen wird an dieser Stelle als Oberflächenkonturabweichung definiert.

Eine große Oberflächenkonturabweichung wirkt sich in zweierlei Hinsicht negativ auf die Bauteilqualität aus. Grundsätzlich bedeutet eine große Konturabweichung, dass mehr Material spanend abgetragen werden muss, um im auf das Laserauftragschweißen folgenden Nachbearbeitungsprozess eine der Sollgeometrie entsprechende Oberfläche einzustellen. Dies bedeutet neben höherem Zeitaufwand einen größeren Werkzeugverschleiß und widerspricht der gewünschten endkonturnahen und somit ressourcenschonenden Fertigung, die eine der Hauptmotivationen für AM ist. Darüber hinaus besitzt die Oberflächenkonturabweichung einen Einfluss auf die Durchführung des 3D-LMD-w-Prozesses selbst. Wird eine Schicht mit konstanter Z-Position des Bearbeitungskopfes aufgeschweißt, so muss die Oberfläche, auf die aufgetragen wird, makroskopisch eben sein. Ist dies nicht der Fall, treten positionsabhängig veränderte Geometriezusammenhänge zwischen Draht, Schmelzbad und Oberfläche auf, die zu Kollisionen oder zum Prozessabbruch führen, wenn die Abweichung zu groß ist. Dies ist als Steigerung der Auswirkungen einer großen Welligkeit einzuordnen. Eine geringe Konturabweichung erhöht folglich die Prozessstabilität und die Bauteilqualität. Aus diesen Gründen wird analysiert, ob die Konturabweichung im Zweistrahlprozess reduziert wird.

Abbildung 7-4 a) visualisiert die Konturabweichung schematisch. Sie zeigt außerdem, wie die Konturabweichung anhand von Geometriedaten berechnet wurde. Als Maß der Konturabweichung o_s wird die mittlere Abweichung der minimalen Bauteilhöhe h_m von den maximalen Höhen auf der linken (h_l) und rechten (h_r) Bauteilseite herangezogen. Die Höhen wurden jeweils von der Substratplatte aus mit dem **InfiniteFocus G5** gemessen. Abbildung 7-4 b) stellt die Konturabweichung in Abhängigkeit von der Schichtanzahl und den Prozesskonfigurationen dar. Die Vorgehensweise bei den herstellungsbegleitenden Messungen war analog zu den Welligkeitsmessungen in Kapitel 7.2 und es wurden gemittelte Profile verwendet.

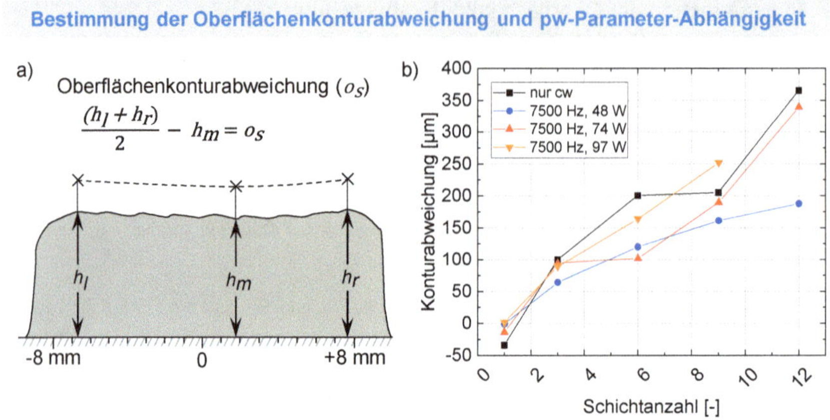

Abbildung 7-4: a) Messschema zur Bestimmung der Oberflächenkonturabweichung. b) Oberflächenkonturabweichung in Abhängigkeit der Schichtanzahl im cw- und Zweistrahl-LMD-w mit unterschiedlichen modulierten Laserstrahlparamatern. cw-Leistung 2300 W, Drahtvorschubgeschwindigkeit 800 mm/min, Maschinenvorschubgeschwindigkeit 1100 mm/min. Die Schweißrichtung ist senkrecht zur Bildebene.

a) Measurement principle for the determination of the surface contour deviation. b) Surface contour deviation as a function of the layer number in cw and dual-beam LMD-w with different modulated laser beam parameters. cw power 2300 W, wire feeding speed 800 mm/min, machine feeding speed 1100 mm/min. The welding direction is perpendicular to the image plane.

Der Verlauf der Oberflächenkonturabweichung zeigt, dass die Konturabweichung für alle Prozesskonfigurationen (cw- und Zweistrahlprozesse) mit der Schichtanzahl zunimmt. Nach nur einer Schicht sind keine signifikanten Abweichungen zwischen den verschiedenen Prozessen erkennbar. Im weiteren Verlauf führt wiederum der cw-Prozess zu den größten Konturabweichungen auf der Bauteiloberfläche. Die Konturabweichung nimmt mit der Schichtanzahl nahezu stetig zu. Die pw-Prozesse bei 74 W und 97 W pw-Leistung verursachen eine ähnliche Entwicklung der Konturabweichung. Die entsprechenden Konturabweichungen liegen allerdings tendenziell unter denen der mit dem cw-Prozess aufgeschweißten Quader. Für den Prozess mit 97 W sei erneut auf den Abbruch des Aufbaus nach neun Schichten hingewiesen.

Wie bereits bei der Welligkeit stellt der Zweistrahlprozess mit der kleinen pw-Leistung von 48 W eine Ausnahme dar. Die ermittelten Konturabweichungen nehmen zwar mit der Schichtanzahl zu. Der Verlauf ist aber im Gegensatz zu den anderen Kurven degressiv und liegt mit zunehmender Schichtanzahl unter denen der anderen Prozesse. Das ist insbesondere nach zwölf Schichten der Fall, wo die Bauteile aus cw-Prozess und Zweistrahlprozess mit 74 W eine Konturabweichung um 350 µm aufweisen, während die Geometrieabweichung bei dem Bauteil mit 48 W pw-Leistung nur 190 µm beträgt.

Die Erklärung für diese Beobachtungen erfolgt analog zu denen der resultierenden Welligkeiten. Bei dem pw-Prozess mit kleiner Kraft (bei einer pw-Leistung von 48 W) unterstützt die niedrige

Viskosität das seitliche Fließen der Schmelze, sodass die Konturabweichung vermindert wird. Die pw-induzierte Kraft ist nicht ausreichend, um diesem Fließen entgegenzuwirken. In den pw-Prozessen mit höherer Kraft und dem vergleichsweise hochviskosen cw-Prozess ist die Fließkapazität der Schmelze dagegen geringer. Der Oberflächenkonturabweichung wird nicht entgegengewirkt und sie nimmt mit jeder Schicht weiter zu.

Die Ergebnisse dieses Kapitels weisen nach, dass der Zweistrahlansatz geeignet ist, um die makroskopische Bauteilqualität zu verbessern und damit einhergehend den 3D-Aufbau weitergehend zu stabilisieren. Die geometrische Konturabweichung des Bauteils ist für einen Zweistrahlprozess mit kleiner pw-Kraft bzw. -Leistung geringer als im cw-Prozess und bei Zweistrahlprozessen mit höherer Kraft. Neben der Konturabweichung wurde als weitere makroskopische Geometrieeigenschaft der Anbindungswinkel zwischen Aufschweißung und Substrat untersucht. Dieser sollte für einen Quader 90° betragen, ist bei LMD-w-Quadern aber tendenziell größer, wie es das Schema in Abbildung 7-4 a) andeutet. Eine pw-induzierte Verbesserung der seitlichen Bauteilgeometrie, die den Nachbearbeitungsaufwand merklich verringert, wurde nicht festgestellt. Die Messergebnisse sind deshalb im Anhang (Abbildung C-2) aufgeführt.

7.4 Absorptionsbedingte Verbesserung der Anbindung und des WEZ-Verlaufs

Absorption-Related Improvement of the Bonding and the Heat-Affected Zone

Nachdem eine prozessstabilisierende Wirkung des Zweistrahlprozesses im Hinblick auf die Bauteilgeometrie nachgewiesen wurde, ist der Einfluss des modulierten Laserstrahls auf das Gefüge als zweiter Aspekt der Bauteilqualität zu erforschen. Die Mikrostrukturanalyse ist Gegenstand dieses Teilkapitels.

Bei der additiven Herstellung von 3D-Geometrien mit LMD-w werden die Bauteile aus einzelnen Schweißraupen zusammengesetzt, die neben- und übereinander aufgetragen werden. In einem additiv hergestellten Bauteil ergibt sich somit eine Vielzahl von Grenzflächen. Diese bestehen zwischen der ersten Schicht und dem Grundwerkstoff, zwischen den einzelnen Schichten sowie innerhalb einer Schicht zwischen den einzelnen Schweißraupen. Kritische Fehler, die an diesen Grenzflächen auftreten sind insbesondere Anbindungsfehler, die aus der mangelnden Aufschmelzung bzw. Durchmischung zwischen dem in einem Prozessschritt aufgetragenen Werkstoff und dem bereits vorhandenen Werkstoff, d.h. nebenliegenden Schweißraupen oder darunter liegenden Schichten, resultieren. Genau wie andere Hohlräume (z.B. Poren) beeinflussen solche Anbindungsfehler die mechanischen Eigenschaften negativ, da sie als lokale Spannungsüberhöhungspunkte fungieren und die Festigkeit reduzieren. Daneben besitzen prinzipiell auch Inhomogenitäten der chemischen Zusammensetzung, die aus inhomogener Durchmischung bzw. Wiederaufschmelzung des bereits vorhandenen Werkstoffs resultieren, eine solche Wirkung, wenn die Gefügeeigenschaften in den unterschiedlichen Bereichen stark variieren. Letztere Defekte werden in dieser Arbeit nicht berücksichtigt.

Mechanisch betrachtet ist eine Grenzfläche mit vollständig homogenem geradem Verlauf am besten geeignet, um Spannungen gleichmäßig aufzunehmen. Wellen oder Kanten im Grenzflächenverlauf besitzen eine Kerbwirkung und wirken somit wie Hohlräume als Punkte der Spannungsüberhöhung. In diesem Sinne ist bei additiv hergestellten Bauteilen eine möglichst gerade Grenzfläche zwischen Grundwerkstoff und erster Schicht sowie zwischen den Einzelschichten wünschenswert. Gleiches gilt für die Ausprägung und den Verlauf der Wärmeeinflusszone, wo durch die thermische Beeinflussung ein Gradient der Werkstoffeigenschaften vorliegt. Entsprechend kann ein zu inhomogener Verlauf der Grenzfläche zwischen WEZ und unbeeinflusstem Werkstoff kritisch sein.

Die Bauteile, deren Herstellung in Kapitel 7.2 beschrieben ist, wurden nach der Oberflächenanalyse einer metallografischen Präparation unterzogen. Dazu wurde jeweils eine Probe aus der Bauteilmitte entnommen. In Abbildung 7-5 sind Quader mit neun Schichten für alle untersuchten Parametersätze im metallografischen Querschliff dargestellt. Die auf den Schliffbildern erkennbaren Poren sind eingekreist.

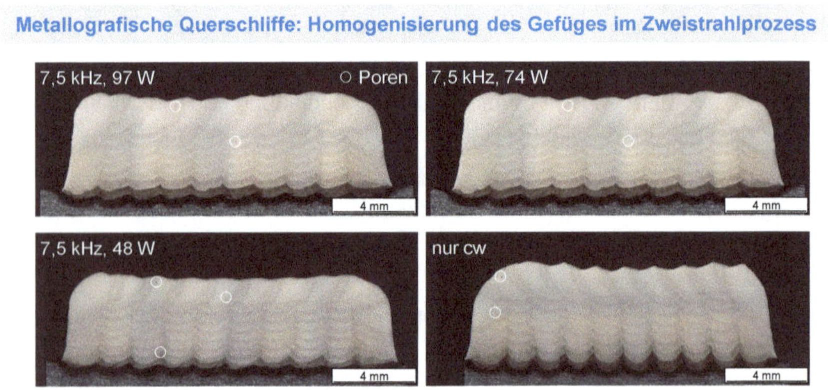

Abbildung 7-5: Metallografische Querschliffe der erzeugten Probengeometrien im cw- und Zweistrahlprozess. cw-Leistung 2300 W, Drahtvorschubgeschwindigkeit 800 mm/min, Maschinenvorschubgeschwindigkeit 1100 mm/min. Die Schweißrichtung ist senkrecht zur Bildebene.

Metallographic cross sections of the built test geometries from cw and dual-beam process. cw power 2300 W, wire feeding speed 800 mm/min, machine feeding speed 1100 mm/min. The welding direction is perpendicular to the image plane.

Es ist zu erkennen, dass in allen Fällen eine sehr geringe Porosität vorliegt. Die Anzahl und Größe der Poren sind so klein, dass sie vernachlässigt werden können. Eine vollständige Porenfreiheit ist in additiven Fertigungsverfahren in der Regel nicht erreichbar. Insbesondere im Vergleich zu mit pulverbasierten AM-Verfahren hergestellten Bauteilen ist die hier sichtbare Porosität als sehr gering einzustufen. Daneben ist zu sehen, dass keine sichtbaren Bindefehler zwischen den einzelnen Schweißraupen oder Ebenen aufgetreten sind. Die Energiezufuhr reichte demnach in allen Fällen aus, um ein Wiederaufschmelzen der bereits vorhandenen Struktur sicher- und eine metallurgische Verbindung mit dem neu aufgetragenen Werkstoff herzustellen.

Unterschiede ergeben sich hinsichtlich der oben diskutierten Grenzflächenverläufe. Betrachtet werden zunächst die Wärmeeinfluss- und die Durchmischungszone im Anbindungsbereich zum Grundwerkstoff. Bei Betrachtung des mit dem konventionellen LMD-w-Prozess hergestellten Bauteils ist erkennbar, dass die Wärmeeinflusszone und die Durchmischungszone einen welligen, periodischen Verlauf besitzen. Die Periode entspricht dem gewählten Schweißraupenabstand. In der Mitte der einzelnen Schweißraupen reichen die Durchmischungs- und die Wärmeeinflusszone vergleichsweise tief in den Grundwerkstoff hinein. An den Schweißraupenrändern, d.h. im Bereich des Überlapps mit den angrenzenden Schweißraupen, ist die Eindringtiefe dagegen deutlich reduziert. Dies ist auf die Gauß-förmige Intensitätsverteilung im kontinuierlichen Laserspot zurückzuführen. In der Mitte des Brennflecks ist die Intensität maximal, es kommt zu einer großen Eindringtiefe der Laserenergie in das Werkstück. Dies führt zu einer großen Aufschmelztiefe und einer tiefen WEZ. Zu den Brennfleckrändern hin fällt die Intensität schnell ab. Der Wärmeeintrag ist minimal und der darunter liegende Werkstoff wird nur sehr oberflächennah aufgeschmolzen. Die Tiefe der Wärmeeinflusszone ist analog geringer.

Die im Zweistrahlprozess erzeugten Quader besitzen eine im visuellen Vergleich deutlich flachere Grenzfläche in der Anbindungszone. Sowohl die Grenzfläche zwischen WEZ und unbeeinflusstem Grundwerkstoff als auch der Verlauf der Durchmischungslinie weisen eine geringere Welligkeit auf. Das Gauß'sche Intensitätsprofil des cw-Brennflecks spielte folglich eine geringere Rolle als im reinen cw-Prozess. Diese Beobachtung lässt den Rückschluss zu, dass die Wärmeaufnahme in das Werkstück im Zweistrahlprozess durch den Brennfleck des modulierten Laserstrahls kontrolliert wird. Wie in Kapitel 2.3.1 und 4.2.2 beschrieben, besitzt dieser eine rechteckige Form mit einer Seitenlänge von etwa 2,5 mm senkrecht zur Schweißrichtung. Im Pulslaserbetrieb verdampft aufgrund des Tophat-Profils über diese gesamte Länge Material. Die Dampfwolke breitet sich folglich oberhalb des gesamten pw-Brennflecks aus. Die Ergebnisse aus den Querschliffen belegen in diesem Zusammenhang, dass die Wärmeabgabe aus der Dampfwolke an das Werkstück annähernd homogen über die Dampfwolkenlänge erfolgt. Dies bedeutet, dass die Dampfwolke insgesamt durch die einfallende Laserstrahlung erwärmt wird und die Wärme gebündelt weitergibt. Die stärkere Intensität des cw-Laserstrahls im Zentrum wird zugunsten einer homogeneren Temperaturverteilung über die pw-Brennfleckbreite abgeschwächt.

Beim Vergleich der drei verschiedenen Zweistrahlprozesse miteinander ist zu erkennen, dass im Falle der kleinsten pw-Leistung bzw. -Kraft die Welligkeit am geringsten ist. Dies wird vor dem Hintergrund der Ergebnisse aus Kapitel 5 und 6 folgendermaßen eingeordnet. Während die verbesserte Absorption in der Dampfwolke allgemein für eine homogenere Wärmeverteilung über den Schweißraupenquerschnitt sorgt, besitzt die pw-induzierte Kraft einen Einfluss auf das Voranschreiten der Schmelzfront. Eine hohe Kraft auf die Schmelze bedingt ein tieferes Eindringen der Schmelze in das Werkstück. Dass eine höhere pw-Kraft die Durchmischung verstärkt, ist allgemein daran zu erkennen, dass die Dicke der Durchmischungszone mit steigender pw-Leistung zunimmt (siehe bräunlich-grauer Bereich zwischen der sehr dunklen WEZ und dem hellen Zusatzwerkstoff in den Querschliffen in Abbildung 7-5). Im Falle höherer Leistungen ist zudem von einer großen Partikeldichte in der Dampfwolke auszugehen. Somit spielt der Abfall der Partikeldichte an den Brennfleckrändern eine größere Rolle als bei kleinen pw-Leistungen, was sich in der Absorption und der Kraftwirkung über die Dampfwolken- und analog die Brennfleckbreite widerspiegelt. Mittig ergibt sich in diesem Fall folglich eine stärkere Kraft und höhere Absorption; der Gradient zum Verhalten an den Rändern ist größer als bei kleinen pw-Leistungen. Somit dringen bei den größeren pw-Leistungen sowohl das Schmelzbad als auch die Wärme in der Brennfleckmitte tiefer in das Werkstück ein. Die Welligkeit des Grenzflächenverlaufs steigt, bleibt aber unter der des reinen cw-Prozesses.

Die Betrachtungen gelten analog für die Grenzflächenverläufe zwischen den einzelnen Schichten. Während das cw-Bauteil durch die Gauß'sche Intensitätsverteilung eine hohe Wiederaufschmelztiefe der untenliegenden Schichten aufweist, ist die Welligkeit der Grenzflächenverläufe bei den Zweistrahlbauteilen im Vergleich reduziert. Der Vergleich zwischen den unterschiedlichen Zweistrahlprozessen (tieferes Wiederaufschmelzen der unterhalb liegenden Schicht bei höherer pw-Leistung/-kraft) erfolgt analog zu den obigen Überlegungen.

Insgesamt betrachtet verursacht der Zweistrahlprozess beim 3D-Aufbau einen homogeneren Grenzflächenverlauf als der konventionelle LMD-Prozess. Die Homogenität des Gefüges wird erhöht. Es ist davon auszugehen, dass daraus ebenfalls homogenere und somit verbesserte mechanische Eigenschaften folgen, da kerbartige mikrostrukturelle Grenzflächen, an denen im Falle mechanischer Belastungen Spannungsüberhöhungen auftreten, abgemildert werden.

7.5 Gesamtfazit

Global Conclusion

Anhand der Untersuchungen zum Aufbau einfacher 3D-Geometrien wurde die Eignung des Zweistrahl-Ansatzes als Möglichkeit zur Stabilisierung additiver lateraler LMD-w-Prozesse mit mehr als zehn Schichten bewertet. Es wurde festgestellt, dass mit dem Zweistrahlprozess Bauteile von höherer Qualität hergestellt werden können als mit einem vergleichbaren, konventionellen LMD-w-Prozess mit nur einem Laserstrahl. Qualitätskriterien waren sowohl die makroskopischen Oberflächeneigenschaften Welligkeit und Konturabweichung als auch die mikroskopische Gefügestruktur der hergestellten Probekörper. Die Oberflächenwelligkeit und die Konturabweichung werden durch Zweistrahlprozesse mit erhöhter Absorption und geringen pw-induzierten Kräften reduziert. Dies bedeutet eine kleinere Abweichung von der Sollgeometrie im additiven Aufbau. Die Aufwände für eine spanende Nachbearbeitung werden somit reduziert. Zuvor wurde nachgewiesen, dass sich eine reduzierte Oberflächenwelligkeit positiv auf die Stabilität des mehrschichtigen Aufbaus auswirkt und dass die Welligkeit mit der Anzahl aufgetragener Schichten steigt. Da zu hohe Welligkeiten vermehrt zu Prozessabbrüchen führen, sind mit Zweistrahlprozessen mit niedriger bis mittlerer Kraftwirkung mehr Schichten ohne Prozessabbrüche aufschweißbar als mit dem Einstrahprozess. Dieses Ergebnis vervollständigt die in Kapitel 6.2 erfolgte teilweise Beantwortung von Forschungsfrage 3. Darüber hinaus ist die Mikrostruktur der Zweistrahl-Bauteile homogener und lässt entsprechend vermuten, dass verbesserte mechanische Eigenschaften erzielt werden.

Konkret werden beim Aufbau mit dem Zweistrahlprozess die in Kapitel 2.3.3 aufgeführten Prozessfehler reduziert. Ein direkter Einfluss besteht hinsichtlich der Prozessfehler, die auf eine unzureichende Draht-Schmelzbad-Interaktion zurückzuführen sind. Diese wird durch die pw-induzierte Kraft mechanisch stabilisiert, sodass eine Tropfenbildung oder Schweißraupenunterbrechungen unwahrscheinlicher werden. Die erhöhte Absorption senkt darüber hinaus die Wahrscheinlichkeit für ein Kratzen des Drahtes im Schmelzbad aufgrund zu geringer Abschmelzleistung. Gleichzeitig führt sie zu einem Schmelzbad mit niedrigerer Viskosität. Aus dem besseren Fließverhalten ergeben sich die bereits genannten Verringerungen von Welligkeit und Oberflächenkonturabweichung. Aufgrund des direkten Einflusses auf die Prozessfehler der ersten (weniger kritischen) Kategorie werden die Prozessfehler der zweiten Kategorie, die zwingend einen Prozessabbruch hervorrufen, ebenfalls unwahrscheinlicher. Die Verhinderung von Schäden an Bauteilen und somit von Ausschuss ist möglich. Gleiches gilt für Anlagenschäden aufgrund von Kollisionen durch fehlerhafte Bauteilgeometrie.

Insgesamt vervollständigen die Untersuchungen zum 3D-Aufbau die wissenschaftlich-technische Argumentationskette, die in dieser Arbeit verfolgt wurde. Nachdem die relevanten Zusatzeffekte des Zweistrahlprozesses identifiziert, nachgewiesen und grundlegend erklärt wurden, wurde ihr Einfluss auf den realen LMD-w-Prozess erforscht. Es zeigte sich eine prozessstabilisierende Wirkung auf das Auftragschweißen einzelner Schweißraupen. Die höhere Prozessstabilität ist auf die durch den modulierten Laserstrahl erzeugte Dampfwolke zurückzuführen, in der parameterabhängig eine erhöhte Absorption auftritt und die durch ihre Expansionsenergie eine Kraft auf das Schmelzbad ausübt. Die experimentellen Beobachtungen wurden mithilfe von dampfphysikalischen Mechanismen erklärt, in Teilmodelle und in ein Gesamtmodell überführt. Darauf aufbauend erfolgte abschließend ein Transfer zu mehrschichtigen 3D-Geometrien. Hier konnte die prozessstabilisierende Wirkung des modulierten Laserstrahls für bestimmte Prozesskonfigurationen ebenfalls in signifikantem Umfang nachgewiesen werden. Folglich wird festgehalten, dass durch die Beantwortung der vier anfangs formulierten Forschungsfragen und der qualitativen bzw. quantitativen Bestätigung der zugehörigen Vermutungen die Hauptforschungshypothese validiert wurde.

Zusammenfassend ist der Zweistrahlprozess als geeigneter technischer Ansatz zu bewerten, der mangelnden Prozessstabilität als Hauptgrund für die eingeschränkte industrielle Anwendung des drahtbasierten Laserauftragschweißens entgegenzuwirken.

8 Praxisrelevanz der Versuchsergebnisse

Practical Relevance of the Experimental Results

Die Ergebnisse dieser Arbeit belegen, dass die Verwendung eines zusätzlich zum Dauerstrichlaser eingesetzten modulierten Laserstrahls die Prozessstabilität des drahtbasierten Laserauftragschweißens erhöht.

Die mangelnde Prozessstabilität im Vergleich zum alternativen pulverbasierten LMD ist bisher der Grund, warum LMD-w aktuell nur in seltenen Fällen industriell eingesetzt wird. In der industriellen Produktion ist ein Prozess mit zu geringer Prozessstabilität nicht implementierbar, da für die Massenproduktion nur Prozesse mit ausreichender Reproduzierbarkeit in Frage kommen. Instabile Prozesse führen zu hohem Ausschuss und erfordern zusätzlichen Aufwand bei der Anlagenwartung und der (Wieder-)Einrichtung der Prozesse. All dies ist mit enormen Kosten verbunden, die in einem Unternehmen, das wirtschaftlich rentabel sein muss, in der Regel nicht getragen werden können.

Dem gegenüber stehen allerdings die Vorteile des LMD-w, das hohe Auftragraten und günstige Zusatzwerkstoffe mit einfacher Handhabbarkeit kombiniert. Hinzu kommt die im Vergleich zum Pulver sehr hohe Materialeffizienz, da es bei drahtbasierten Prozessen keinen Overspray gibt. Dies führt nicht nur zu einer höheren Sicherheit für die Mitarbeitenden in produzierenden Betrieben und einer geringeren Verunreinigung der Produktionsumgebung. Gleichzeitig wird der Materialverlust reduziert, was sowohl kostentechnisch als auch aus ökologischer Perspektive von Vorteil ist. Insbesondere im Hinblick auf den Klimawandel und die wachsende Rohstoffknappheit, speziell in Bezug auf teure Legierungselemente, besteht ein immer stärkeres Streben nach „sauberen" und hocheffizienten Prozessen.

Aus diesen Gründen besitzen Entwicklungen, die auf eine Stabilitätserhöhung von LMD-w-Prozessen abzielen, für die Industrie grundsätzliche Relevanz. Im Folgenden wird die potenzielle industrielle Implementierung der Forschungsergebnisse diskutiert.

In dieser Arbeit wurde nachgewiesen, dass der Zweistrahlprozess im Vergleich zum konventionellen Einstrahl-LMD-w das Prozessfenster, in dem eine Variation der Hauptprozessparameter möglich ist, signifikant vergrößert. Umgekehrt bedeutet dies, dass in der industriellen Produktion möglicherweise auftretende Schwankungen der Prozessparameter aus prozesstechnischer Sicht tolerierbar sind. Es kommt also in selteneren Fällen zu kritischen Prozessfehlern oder -abbrüchen. Ein Beispiel für solche auftretenden Schwankungen ist unter anderem die Drahtzufuhrgeschwindigkeit, die zum Beispiel aus der über die Drahtlänge schwankenden Reibung zwischen der Drahtoberfläche und den Förderrollen resultiert. Diese Erkenntnisse wurden sowohl für Einzelschweißraupen als auch für den additiven Aufbau, der in dieser Arbeit anhand einfacher Bauteilgeometrien mit bis zu zwölf Schichten betrachtet wurde, nachgewiesen. Bei den dreidimensionalen Bauteilen wirkt sich die höhere Prozessstabilität darüber hinaus positiv auf die Bauteilqualität aus. So wurden die Oberflächeneigenschaften verbessert (geringere Welligkeit, Konturabweichung und Rauheit) und die Gefügestruktur, insbesondere der Verlauf der Wärmeeinflusszone, homogenisiert. Aufgrund der höheren Oberflächenqualität wird der spanende Nachbearbeitungsaufwand reduziert, was ein weiteres Argument für den industriellen Einsatz des Zweistrahlprozesses darstellt.

In dieser Arbeit wurde neben den grundlegenden physikalischen Wirkmechanismen der pw-induzierten Effekte untersucht, welche Parameterbereiche des modulierten Laserstrahls sich besonders für die Prozessstabilisierung eignen. Entsprechend existieren bereits Erkenntnisse, wie die Frequenz und Leistung einzustellen sind, um die optimierte Temperaturverteilung und Schmelzbadmanipulation zu erreichen. Am besten eignen sich für den hier betrachteten Werkzeugstahl geringere pw-Leistungen (~ 50 W) und höhere Pulsrepetitionsraten (7500-10000 Hz). Diese bieten eine hohe Absorption, sodass die Schmelzbadviskosität sinkt und die Draht-Schmelzbad-Verbindung durch die pw-induzierte Kraft stabilisiert wird. Auf diese Ergebnisse kann bei der Auslegung potenzieller industrieller Zweistrahlprozesse zurückgegriffen werden.

Allerdings ergeben sich nach wie vor Fragestellungen in Bezug auf die anlagentechnische Implementierung im industriellen Umfeld und die Abbildung von industriellen Prozessen mit komplexen Werkstückgeometrien. Der in dieser Arbeit untersuchte laterale Zweistrahlprozess besitzt – wie der konventionelle laterale Prozess – eine grundsätzliche Richtungsabhängigkeit, die auch durch den Pulslaserstrahl nicht beseitigt wird. Die Werkzeugbewegung bestimmt, ob gerade schleppend, stechend, seitlich (90° zur Drahtvorschubrichtung) oder in Kombination (d.h. schräg) geschweißt wird. In die verschiedenen Richtungen ergeben sich nicht nur unterschiedliche Schmelzbad- und Schweißraupengeometrien, sondern auch unterschiedliche Prozessstabilitätsfenster, da sich jeweils die Interaktion zwischen Draht und Schmelze unterscheidet. Die stechenden Prozesse wiesen eine höhere Stabilität auf als schleppende Prozesse. Um die Richtungsabhängigkeit zu umgehen, sind komplexe 5 Achs-Systeme erforderlich, in denen die Orientierung zwischen Prozesskopf und Schweißrichtung konstant gehalten wird [KAMM21]. Dies wird erreicht, indem der Prozesskopf dreiachsige translatorische und das Werkstück unter ihm rotatorische Bewegungen um zwei Achsen vollzieht. Die Abbildung solcher Bewegungen ist entweder auf konventionellen Werkzeugmaschinen oder alternativ auf Roboterbearbeitungszentren möglich. Letztere haben deutlich geringere Investitionskosten.

Ein alternativer Ansatz wäre die Übertragung des Zweistrahlprozesses auf koaxiale LMD-w-Prozesse. Aufgrund der bisher erzielten Ergebnisse ist anzunehmen, dass der Zweistrahlprozess koaxiale Prozesse ebenso verbessert. Die in Hochgeschwindigkeitsaufnahmen beobachteten Schmelzbadoszillationen wären durch den modulierten Laserstrahl reduzierbar. Ebenso könnte höchstwahrscheinlich das Abschmelzverhalten des Drahtes stabilisiert werden. Ein Kratzen des Drahtes durch die Schmelze aufgrund zu geringer cw-Laserleistung oder zu hoher Drahtvorschubgeschwindigkeit würde durch die erhöhte Absorption kompensiert. An dieser Stelle ergibt sich allerdings die Frage nach der geeigneten Strahlüberlagerung, da ein einseitig positionierter rechteckiger pw-Brennfleck wie bei der lateralen Variante voraussichtlich ungeeignet wäre. Der pw-Laser müsste weiterhin in Schweißrichtung wirken. Deshalb wäre für den koaxialen Zweistrahlprozess vermutlich wie für den cw-Laser ein ringförmiger Strahl geeignet. Im Gegensatz zum cw-Brennfleck wäre dieser in der Bearbeitungsebene aber nicht zu einem Punkt fokussiert, sondern würde auch hier eine Ringform besitzen, um seitlich auf Draht und Schmelze zu wirken.

Es wäre vorstellbar, hierzu Konzepte wie den sog. Adjustable Ring Mode Fiber Laser anzuwenden. Solche Systeme sind seit wenigen Jahren auf dem Markt verfügbar [IPG19], [COHE21]. Es handelt sich dabei um Faserlaser, bei denen der Kern der Faser eine andere Intensitätsverteilung bereitstellt als der sie umgebende Ring. Es wäre möglich, den Ringstrahl zu modulieren, sodass er gepulst auf die Bearbeitungsebene trifft, während der Kernstrahl weiterhin eine zeitlich konstante Leistung besitzt. Die Umsetzung eines solchen Konzepts besäße zudem dem Vorteil, dass nicht mehr zwei unterschiedliche Laserstrahlquellen erforderlich wären, wie es bei den bisherigen Laboruntersuchungen der Fall war. Darüber hinaus sind optische Messsysteme, die eine *in situ*-Überwachung des Schmelzbades erlauben, auf die Wirkweise des Zweistrahlprozesses anzupassen und idealerweise in den Prozesskopf zu integrieren. Durch die Kombination von erhöhter Prozessstabilität und ihrer Überwachung würde so ein ganzheitliches Konzept geschaffen, das die industriellen Anforderungen nach Zuverlässigkeit, Reproduzierbarkeit und Produktüberwachung berücksichtigt.

Weitere Untersuchungen sind im Hinblick auf andere Werkstoffklassen mit Industrierelevanz durchzuführen. Begleitende Experimente belegten beispielsweise, dass für die Aluminiumlegierung AlSi5 ein noch deutlicherer Einfluss des modulierten Lasers auf den Schweißraupenquerschnitt möglich ist. Durch den pw-Einsatz konnten nahezu rechteckige Querschnitte hergestellt werden (siehe Abbildung C-3 im Anhang). Allerdings war die grundsätzliche Handhabbarkeit des Prozesses für Aluminium signifikant schlechter als bei dem untersuchten Werkzeugstahl und es traten mit größerer Häufigkeit Prozessabbrüche auf.

Zusammenfassend liefern die Untersuchungen dieser Arbeit wichtige Erkenntnisse und Ansätze zur Stabilisierung additiver LMD-w-Prozesse und leisten somit einen Beitrag zu einer resilienteren und effizienteren Produktion. Um zukünftig komplexe Bauteile im industriellen Umfeld mit LMD-w herzustellen, sind allerdings erweiterte oder neue Konzepte zu entwickeln.

9 Zusammenfassung und Ausblick

Conclusion and Outlook

Additive Fertigungstechnologien (AM) gewinnen in der industriellen Produktion zunehmend an Bedeutung. Sie leisten einen großen Beitrag zu immer höherer Flexibilität, Resilienz und Effizienz. Mit ihnen können Bauteile komplexer Geometrie individuell und ohne spezifische, hochpreisige Werkzeuge gefertigt werden. Der eingesetzte Werkstoff wird entsprechend der Geometrievorgaben nur dort aufgetragen, wo er erforderlich ist. Großvolumiges Abtragen durch spanende Prozesse, wie es in der konventionellen subtraktiven Fertigung angewendet wird, ist nicht mehr erforderlich. Somit sind AM-Technologien ein wichtiger Bestandteil auf dem Weg zu einer vollständig digitalisierten und umweltfreundlicheren Produktion.

Das drahtbasierte Laserauftragschweißen (LMD-w) besitzt in diesem wachsenden Markt eine wichtige Rolle, da es hohe Aufbauraten und Genauigkeit mit geringen Kosten für den Zusatzwerkstoff und einer hohen Materialeffizienz vereint. Allerdings ist seine Prozessstabilität aufgrund der komplexen Interaktion zwischen festem Drahtwerkstoff und flüssigem Schmelzbad gering. In der Industrie wird deshalb aktuell hauptsächlich auf pulverbasierte LMD-Prozesse zurückgegriffen, obwohl sie teurer sind, eine geringere Materialeffizienz aufweisen und zu höherer Porosität in den Bauteilen führen.

Vor diesem Hintergrund war das Ziel dieser Arbeit, einen Zweistrahlansatz im Hinblick auf seine prozessstabilisierende Wirkung auf das LMD-w eines Werkzeugstahls zu untersuchen. Im Zweistrahlprozess wird der kontinuierliche Prozesslaser (cw) mit einem zweiten, gepulsten Laserstrahl (pw) deutlich geringerer Leistung (2-5 % der cw-Leistung) überlagert. Das Prozesskonzept wurde vor etwa zehn Jahren ursprünglich für das flussmittelfreie Laserstrahlhartlöten von Aluminiumwerkstoffen entwickelt [DONS12]. Die genauen Wirkmechanismen des pw-Lasers waren bisher nur unzureichend verstanden und die Übertragbarkeit der Effekte auf Schweißprozesse war nicht nachgewiesen.

Zu Beginn der Arbeit wurden deshalb die Effekte auf grundlegender Ebene erforscht. Der gepulste Laserstrahl verdampft durch seine hohe Pulsspitzenleistung oberflächennah den Werkstoff. Es wurde gezeigt, dass die entstehende Dampfwolke nach ihrem Entstehen die Absorption des weiterhin einfallenden Laserlichts bedingt. Im einem kalorimeterähnlichen Versuchsaufbau wurde nachgewiesen, dass durch die Dampfwolke höhere Absorptionskoeffizienten auftreten als im konventionellen cw-Prozess. Dabei wird der Wert des Absorptionskoeffizienten durch die gewählten pw-Strahlparameter Frequenz und Leistung bedingt. Die verschiedenen Maxima und Minima des Absorptionskoeffizienten wurden Mechanismen der Interaktion zwischen Dampf und Laserstrahlung zugeordnet. Neben der Absorption wurde beobachtet, dass durch die Expansion des Dampfes eine Kraft auf das Werkstück wirkt. Die Größe der Kraft wurde mithilfe von Analogieprüfständen gemessen und als signifikant für das Prozessergebnis eingestuft.

Im Anschluss erfolgten reale Prozessuntersuchungen. Die durch den pw-Laserstrahl veränderte Absorption und ihre Frequenz- und Leistungsabhängigkeit wurden durch Messung der Prozesstemperatur nachgewiesen. Dazu wurde einerseits eine faserbasierte Temperaturmessung im

Werkstückinneren mithilfe der optischen Rückstreureflektometrie (OBR) durchgeführt und andererseits die Temperatur an der Werkstückoberseite thermografisch bestimmt. Die pw-induzierte Kraft wirkte sich in den Prozessuntersuchungen durch eine Verdrängung des Schmelzbades und eine dadurch veränderte Schweißraupenquerschnittsgeometrie aus. Es wurde erkannt, dass die verringerte Viskosität infolge der größeren Absorption ebenfalls einen Einfluss auf die Schweißraupengeometrie hat. Die Erkenntnisse wurden in Erklärungsmodelle für die beiden Teileffekte überführt.

Im nächsten Schritt wurde die Wirkung des pw-Lasers auf die Prozessstabilität beim Auftrag von Einzelschweißraupen untersucht. Hochgeschwindigkeitsaufnahmen zeigten, wie die Dampfwolke die Schmelzbadform und -dynamik beeinflusst und stabilisiert. Durch den modulierten Laserstrahl werden unregelmäßige Schmelzbadoszillationen, die im konventionellen Prozess zu einem Abreißen der Draht-Schmelzbad-Verbindung führen, unterdrückt. Eine reduzierte Rauheit der hergestellten Schweißraupen ist ein Ergebnis dieser Stabilisierung. Allerdings wurde ebenso beobachtet, dass zu hohe pw-Kräfte negativ auf den Prozess wirken und den Prozess wieder destabilisieren. Dies spiegelte sich auch bei der Ermittlung der Größe der resultierenden Prozessfenster wider, für die die Hauptprozessparameter cw-Laserleistung und Drahtvorschubgeschwindigkeit variiert wurden. Für kleine und mittlere pw-Kräfte waren signifikant größere Variationsbereiche möglich als im konventionellen cw-Prozess, was die vermutete höhere Prozessstabilität belegt. Die höhere Stabilität ergibt sich aus dem Zusammenspiel von größerer Abschmelzleistung und geringerer Viskosität als Folgen der erhöhten Absorption sowie kraftinduzierter Stabilisierung der Draht-Schmelzbad-Interaktion. Es wurde ein Gesamtgestaltungsmodell für den Zweistrahl-LMD-w-Prozess abgeleitet.

Im letzten Schritt wurde das aufgestellte Modell anhand des mehrschichtigen AM mit dem Zweistrahlprozess validiert. Die hergestellten Quader besaßen bis zu zwölf Schichten. Es wurde ermittelt, dass Zweistrahlprozesse mit kleinen pw-induzierten Kräften eine höhere Stabilität beim Aufbau ermöglichen. In diesen Prozessen ist die Oberflächenwelligkeit und -konturabweichung der hergestellten Werkstücke deutlich kleiner als im cw-Referenzprozess. Neben der höheren Stabilität folgt daraus ein reduzierter Nachbearbeitungsaufwand. Zu große pw-Kräfte führten wiederum zur Prozessdestabilisierung. Anhand metallografischer Querschliffe ergab sich, dass der Zweistrahlprozess zu homogeneren Mikrostrukturen führt. Insbesondere scheint die Wärme über den rechteckigen pw-Brennfleck mit Tophat-Intensitätsverteilung gleichförmiger eingebracht zu werden als mit dem cw-Brennfleck, der eine gaußförmige Intensitätsverteilung besitzt. Durch den experimentellen Nachweis der im Zweistrahlprozess erhöhten Prozessstabilität wurde die anfänglich aufgestellte Forschungshypothese validiert.

Zur Vervollständigung des physikalischen Grundlagenverständnisses sind zukünftig weitere Forschungsarbeiten notwendig. Diese sollten insbesondere auf eine sensorbasierte Bestimmung der realen Schmelzbadtemperatur im Zweistrahlprozess sowie auf eine Messung von Dampfwolkentemperatur und -dichte abzielen. Geeignete kommerzielle Messmethoden standen zum Zeitpunkt dieser Arbeit nicht zur Verfügung.

Um in Zukunft eine industrielle Anwendung des Prozesses zu ermöglichen, sind neue technische Konzepte erforderlich. Diese müssen zur Herstellung komplexerer Bauteile beispielweise der Richtungsabhängigkeit des lateralen Prozesses Rechnung tragen. Des Weiteren wäre es wünschenswert, den Zweistrahlprozess mit nur einer einzigen Laserstrahlquelle abzubilden. Ein Ansatz dazu wäre beispielsweise ein Adjustable Ring Mode Fiber Laser. Eine ökonomische und gesamtenergetische Bewertung des Zweistrahlprozesses, die die Wirkungsgrade der verwendeten Laserquelle(n) berücksichtigt, steht noch aus. Zusätzlich sollte erforscht werden, ob durch die Gefügemodifikation im Zweistrahlprozess neben den Oberflächen- auch die mechanischen Eigenschaften verbessert werden. Ebenso muss die Übertragbarkeit auf das Zweistrahl-LMD-w mit anderen industriell relevanten Werkstoffen wie Titan- oder Nickelbasislegierungen untersucht werden. Basierend auf den Ergebnissen dieser Arbeit ist anzunehmen, dass das Stabilisierungsprinzip des Zweistrahlprozesses (absorptionsinduzierte Verringerung der Schmelzbadviskosität und kraftinduzierte Schmelzbadformung) eine gute Übertragbarkeit besitzt.

Zusammenfassend belegen die Ergebnisse dieser Arbeit die Eignung des Zweistrahlprozesses zur Stabilisierung drahtbasierter Laserauftragschweißprozesse. Der Erkenntnisgewinn erstreckt sich dabei von der grundlegenden Interpretation der auftretenden dampfphysikalischen Effekte bis hin zur prozesstechnischen Auswahl und Validierung geeigneter Parameter des modulierten Laserstrahls, die eine Prozessstabilisierung ermöglichen. Nach der Entwicklung verbesserter Anlagenkonzepte für die industrielle Anwendung wird der Prozess mittelfristig produzierenden Unternehmen zur Verfügung gestellt werden können. Die vorliegende Dissertation leistet somit einen wichtigen Beitrag zu einer resilienteren und nachhaltigeren Produktion.

Literaturverzeichnis

Bibliography

[ABIO13] Abioye, T. E.; Folkes, J.; Clare, A. T.: A parametric study of Inconel 625 wire laser deposition. In: Journal of Materials Processing Technology, 213. Jg., 2013, Nr. 12, S. 2145–2151

[AHN16] Ahn, D.-G.: Direct metal additive manufacturing processes and their sustainable applications for green technology: A review. In: International Journal of Precision Engineering and Manufacturing-Green Technology, 3. Jg., 2016, Nr. 4, S. 381–395

[ÅKER16] Åkerfeldt, P.; Antti, M.-L.; Pederson, R.: Influence of microstructure on mechanical properties of laser metal wire-deposited Ti-6Al-4V. In: Materials Science and Engineering: A, 674. Jg., 2016, S. 428–437

[ARRI17] Arrizubieta, J. I.; Lamikiz, A.; Klocke, F.; Martínez, S.; Arntz, K.; Ukar, E.: Evaluation of the relevance of melt pool dynamics in Laser Material Deposition process modeling. In: International Journal of Heat and Mass Transfer, 115. Jg., 2017, S. 80–91

[ARTI18] Artinov, A.; Bakir, N.; Bachmann, M.; Gumenyuk, A.; Rethmeier, M.: Weld pool shape observation in high power laser beam welding. In: Procedia CIRP, 74. Jg., 2018, Nr. 2, S. 683–686

[BAMB18] Bambach, M.; Sizova, I.; Silze, F.; Schnick, M.: Comparison of laser metal deposition of Inconel 718 from powder, hot and cold wire. In: Procedia CIRP, 74. Jg., 2018, S. 206–209

[BARG08] Bargel, H.-J.; Schulze, G.: Werkstoffkunde. Aufl. Berlin, Heidelberg: Springer Berlin Heidelberg, 2008

[BATO89] Baton, S. D.; Labaune, C.; Lacaze, J. L.: Influence of absorption and refraction on laser interaction studies in preformed plasmas. In: Optics Coummunications, 74. Jg., 1989, Nr. 3,4, S. 195–201

[BAUF11] Baufeld, B.; Brandl, E.; van der Biest, O.: Wire based additive layer manufacturing: Comparison of microstructure and mechanical properties of Ti–6Al–4V components fabricated by laser-beam deposition and shaped metal deposition. In: Journal of Materials Processing Technology, 211. Jg., 2011, Nr. 6, S. 1146–1158

[BERG20] Bergs, T.; Kammann, S.; Fraga, G.; Riepe, J.; Arntz, K.: Experimental investigations on the influence of temperature for Laser Metal Deposition with lateral Inconel 718 wire feeding. In: Procedia CIRP, 94. Jg., 2020, S. 29–34

[BERN20] Bernhard, R.; Neef, P.; Eismann, T.; Wiche, H.; Hoff, C.; Hermsdorf, J.; Kaierle, S.; Wesling, V.: Additive manufacturing of LMD nozzles for multi-material processing. In: Procedia CIRP, 94. Jg., 2020, S. 336–340

[BEYE95] Beyer, E.: Laser in Technik und Forschung - Schweißen mit Laser. Aufl., 1995

[BILL72] Billings, B. H.; Greay, D. E.: American Institute of Physics Handbook. 3 Aufl. New York: McGraw-Hill, 1972

[BOCK21] Bock, F. E.; Herrnring, J.; Froend, M.; Enz, J.; Kashaev, N.; Klusemann, B.: Experimental and numerical thermo-mechanical analysis of wire-based laser metal deposition of Al-Mg alloys. In: Journal of Manufacturing Processes, 64. Jg., 2021, Nr. 2, S. 982–995

[BRUE17] Brueckner, F.; Riede, M.; Marquardt, F.; Willner, R.; Seidel, A.; Thieme, S.; Leyens, C.; Beyer, E.: Process characteristics in high-precision laser metal deposition using wire and powder. In: Journal of Laser Applications, 29. Jg., 2017, Nr. 2, S. 22301

[BUCH11] Buchbinder, D.; Schleifenbaum, H.; Heidrich, S.; Meiners, W.; Bültmann, J.: High Power Selective Laser Melting (HP SLM) of Aluminum Parts. In: Physics Procedia, 12. Jg., 2011, S. 271–278

[CHOU15] Chou, R.; Milligan, J.; Paliwal, M.; Brochu, M.: Additive Manufacturing of Al-12Si Alloy Via Pulsed Selective Laser Melting. In: JOM, 67. Jg., 2015, Nr. 3, S. 590–596

[CHOU20] Chouhan, A.; Aggarwal, A.; Kumar, A.: Microscale Analysis of Melt Pool Dynamics Due To Particle Impingement and Laser-Matter Interaction in the Spot Laser Metal Deposition Process. In: JOM, 72. Jg., 2020, Nr. 3, S. 1138–1150

[COHE21] Coherent: HighLight FL-ARM. High-Power Adjustable Ring Mode (ARM) Fiber Lasers with Beam Management. Coherent Inc. Santa Clara, CA, USA (August 2021)

[CRAM19] Cramer, C. L.; Nandwana, P.; Yan, J.; Evans, S. F.; Elliott, A. M.; Chinnasamy, C.; Paranthaman, M. P.: Binder jet additive manufacturing method to fabricate near net shape crack-free highly dense Fe-6.5 wt.% Si soft magnets. In: Heliyon, 5. Jg., 2019, Nr. 11, e02804

[CRIS09] Cristoforetti, G.; Lorenzetti, G.; Benedetti, P. A.; Tognoni, E.; Legnaioli, S.; Palleschi, V.: Effect of laser parameters on plasma shielding in single and double pulse configurations during the ablation of an aluminium target. In: Journal of Physics D: Applied Physics, 42. Jg., 2009, Nr. 22, S. 225207

[CUI13] Cui, Y.-Q.; Wang, W.-M.; Sheng, Z.-M.; Li, Y.-T.; Zhang, J.: Laser absorption and hot electron temperature scalings in laser–plasma interactions. In: Plasma Physics and Controlled Fusion, 55. Jg., 2013, Nr. 8, S. 85008

[CZER05] Czerner, S.: Schmelzbaddynamik beim Laserstrahl- Wärmeleitungs-schweißen von Eisenwerkstoffen. Hannover, 2005

[DEMI18] Demir, A. G.: Micro laser metal wire deposition for additive manufacturing of thin-walled structures. In: Optics and Lasers in Engineering, 100. Jg., 2018, S. 9–17

[DEMT17] Demtröder, W.: Experimentalphysik 2. 7 Aufl. Berlin, Heidelberg: Springer, 2017

[DEMT18] Demtröder, W.: Experimentalphysik 1. 8 Aufl. Berlin, Heidelberg: Springer, 2018

[DIHK21] Deutscher Industrie- und Handelskammertag (DIHK): DIHK-Umfrage zu Lieferengpässen und Rohstoffknappheit. URL: https://www.dihk.de/de/themen-und-positionen/wirtschaftspolitik/konjunktur-und-wachstum/blitzumfrage-lieferengpaesse [Stand: 15.03.2022]

[DIN03] DIN Deutsches Institut für Normung e.V.: DIN 8580:2003-09. Fertigungsverfahren - Begriffe, Einteilung. Beuth Verlag GmbH. Berlin (September 2003)

[DIN22] DIN Deutsches Institut für Normung e.V.: DIN EN ISO/ASTM 52900:2022-03. Additive Fertigung - Grundlagen - Terminologie. Beuth Verlag GmbH. Berlin (März 2022)

[DONA18] Donadello, S.; Motta, M.; Demir, A. G.; Previtali, B.: Coaxial laser triangulation for height monitoring in laser metal deposition. In: Procedia CIRP, 74. Jg., 2018, S. 144–148

[DONS09] Donst, D., Janssen, A., Niessen, M., Klocke, F.: Laser pulse influence on spreading of AlSi12-solder during fluxless laser brazing of aluminum. In: International Congress on Applications of Lasers & Electro-Optics, 2009

[DONS12] Donst, D.: Entwicklung eines Zweistrahlverfahrens zum flussmittelfreien Laserstrahlhartlöten von Aluminiumblechwerkstoffen. Dissertation. Aachen, 2012

[DORO21] Dorow-Gerspach, D.; Kirchner, A.; Loewenhoff, T.; Pintsuk, G.; Weißgärber, T.; Wirtz, M.: Additive manufacturing of high density pure tungsten by electron beam melting. In: Nuclear Materials and Energy, 28. Jg., 2021, S. 101046

[EICH10] Eichler, J.; Eichler, H.-J.: Laser. Bauformen, Strahlführung, Anwendungen. 7 Aufl. Berlin, Heidelberg: Springer, 2010

[EO18] Eo, D.-R.; Park, S.-H.; Cho, J.-W.: Inclusion evolution in additive manufactured 316L stainless steel by laser metal deposition process. In: Materials & Design, 155. Jg., 2018, S. 212–219

[FERN21] Fernandez-Zelaia, P.; Ledford, C.; Ellis, E. A.; Campbell, Q.; Rossy, A. M.; Leonard, D. N.; Kirka, M. M.: Crystallographic texture evolution in electron beam melting additive manufacturing of pure Molybdenum. In: Materials & Design, 207. Jg., 2021, S. 109809

[FRAN14] Frank, S.: Development of a double beam process for joining aluminum and steel. In: High-Power Laser Materials Processing: Lasers, Beam Delivery, Diagnostics, and Applications III, 8963. Jg., 2014

[FRAN16] Frank, S.: Mechanismen der Nahtfehlerentstehung beim Laserstrahlhartlöten. (Reihe: Ergebnisse aus der Produktionstechnik, 8/2016). Aufl. Aachen: Apprimus Wissenschaftsverlag, 2016

[FRAU21] Fraunhofer IFAM (Hrsg.): Additive Manufacturing - Selective Electron Beam Melting. Aufl., 2021

[FREY07] Freyer, C.: Schichtweises drahtbasiertes Laserauftragschweißen und Fräsen zum Aufbau metallischer Bauteile. Aufl. Aachen: Shaker, 2007

[FROE18] Froend, M.; Riekehr, S.; Kashaev, N.; Klusemann, B.; Enz, J.: Process development for wire-based laser metal deposition of 5087 aluminium alloy by using fibre laser. In: Journal of Manufacturing Processes, 34. Jg., 2018, S. 721–732

[FROE20] Froend, M.; Ventzke, V.; Dorn, F.; Kashaev, N.; Klusemann, B.; Enz, J.: Microstructure by design: An approach of grain refinement and isotropy improvement in multi-layer wire-based laser metal deposition. In: Materials Science and Engineering: A, 772. Jg., 2020, S. 138635

[FUCH18] Fuchs, J.; Schneider, C.; Enzinger, N.: Wire-based additive manufacturing using an electron beam as heat source. In: Welding in the World, 62. Jg., 2018, Nr. 2, S. 267–275

[GALA21] Galati, M.; Rizza, G.; Salmi, A.; Biamino, S.; Ghibaudo, C.; Fino, P.; Iuliano, L.: Residual stress investigation on Ti-48Al-2Cr-2Nb samples produced by Electron Beam Melting process. In: Procedia CIRP, 99. Jg., 2021, S. 336–341

[GEBH17] Gebhardt, A.: Additive Fertigungsverfahren. Additive Manufacturing und 3D-Drucken für Prototyping - Tooling- Produktion. Aufl. München: Carl Hanser Verlag, 2017

[GHAR13] Gharbi, M.; Peyre, P.; Gorny, C.; Carin, M.; Morville, S.; Le Masson, P.; Carron, D.; Fabbro, R.: Influence of various process conditions on surface finishes induced by the direct metal deposition laser technique on a Ti–6Al–4V alloy. In: Journal of Materials Processing Technology, 213. Jg., 2013, Nr. 5, S. 791–800

[GHAR14] Gharbi, M.; Peyre, P.; Gorny, C.; Carin, M.; Morville, S.; Le Masson, P.; Carron, D.; Fabbro, R.: Influence of a pulsed laser regime on surface finish induced by the direct metal deposition process on a Ti64 alloy. In: Journal of Materials Processing Technology, 214. Jg., 2014, Nr. 2, S. 485–495

[GIPP20] Gipperich, M.; Riepe, J.; Arntz, K.; Bergs, T.: Pulsed Laser Influence on Temperature Distribution during Dual Beam Laser Metal Deposition. In: Metals, 10. Jg., 2020, Nr. 6, S. 766

[GIPP22] Gipperich, M.; Riepe, J.; Day, R.; Bergs, T.: Express Wire Coil Cladding as an Advanced Technology to Accelerate Additive Manufacturing and Coating. In: Journal of Engineering for Gas Turbines and Power, 144. Jg., 2022, Nr. 2

[GOVE18] Govekar, E.; Jeromen, A.; Kuznetsov, A.; Kotar, M.; Kondo, M.: Annular laser beam based direct metal deposition. In: Procedia CIRP, 74. Jg., 2018, S. 222–227

[GRAF09] Graf, T.: Laser - Grundlagen der Laserstrahlquellen. 1. Aufl. Wiesbaden: Vieweg + Teubner, 2009

[GRES02] Greses, J.; Hilton, P. A.; Barlow, C. Y.; Steen W.M.: Plume Attenuation under High Power Nd_YAG Laser Welding. In: International Congress on Applications of Lasers & Electro-Optics, 2002

[GRES03] Greses, J.; Hilton, P. A.; Barlow, C. Y.; Steen W.M.: Laser-vapour interaction in high-power cw Nd:YAG laser welding. In: ICALEO 2003 Conference Paper, 2003, S. 1606

[GUO20] Guo, Q.; Zhao, C.; Qu, M.; Xiong, L.; Hojjatzadeh, S. M. H.; Escano, L. I.; Parab, N. D.; Fezzaa, K.; Sun, T.; Chen, L.: In-situ full-field mapping of melt flow dynamics in laser metal additive manufacturing. In: Additive Manufacturing, 31. Jg., 2020, S. 100939

[HAUG13] Haug, P.; Rominger, V.; Speker, N.; Weber, R.; Graf, T.; Weigl, M.; Schmidt, M.: Influence of Laser Wavelength on Melt Bath Dynamics and Resulting Seam Quality at Welding of Thick Plates. In: Physics Procedia, 41. Jg., 2013, S. 49–58

[HEEL18] Heeling, T.; Wegener, K.: The effect of multi-beam strategies on selective laser melting of stainless steel 316L. In: Additive Manufacturing, 22. Jg., 2018, S. 334–342

[HEIG05] Heigl, R.: Herstellung von Randschichten auf Aluminiumgusslegierungen mittels Laserstrahlung. (Reihe: Laser in der Materialbearbeitung - Forschungsberichte des IFSW). Aufl. München: Utz Wiss, 2005

[HEIG16] Heigel, J. C.; Gouge, M. F.; Michaleris, P.; Palmer, T. A.: Selection of powder or wire feedstock material for the laser cladding of Inconel® 625. In: Journal of Materials Processing Technology, 231. Jg., 2016, S. 357–365

[HEIL18] Heilemann, M.; Beckmann, J.; Konigorski, D.; Emmelmann, C.: Laser metal deposition of bionic aluminum supports: reduction of the energy input for additive manufacturing of a fuselage. In: Procedia CIRP, 74. Jg., 2018, S. 136–139

[HERA12] Heralić, A.: Monitoring and control of robotized laser metal-wire deposition. (Reihe: Doktorsavhandlingar vid Chalmers Tekniska Högskola, N.S., 3336). Aufl. Göteborg: Chalmers Univ. of Technology, 2012

[HERI07] Hering, E.; Martin, R.; Stohrer, M.: Physik für Ingenieure. (Reihe: Springer Lehrbuch). 10., vollständig neu bearbeitete Auflage Aufl. Berlin, Heidelberg: Springer, 2007

[HIBB04] Hibbs, A. R.: Confocal Microscopy for Biologists. 1 Aufl. Boston: Springer, 2004

[HIGA21] Higashi, M.; Yoshimi, K.: Electron beam surface melting of MoSiBTiC alloys: Effect of preheating on cracking behavior and microstructure evolution. In: Materials & Design, 209. Jg., 2021, S. 110010

[HORN03] Horn, A.: Zeitaufgelöste Analyse der Wechselwirkung von ultrakurz gepulster Laserstrahlung mit Dielektrika. Aachen, 2003

[HÜGE09] Hügel, H.; Graf, T.: Laser in der Fertigung. Strahlquellen, Systeme, Fertigungsverfahren. (Reihe: Aus dem Programm Fertigung). 2., neu bearb. Aufl. Aufl. Wiesbaden: Vieweg + Teubner, 2009

[HUMP93] Humpston, G.; Jacobson, D. M.: Principles of soldering and brazing. Aufl.: ASM international, 1993

[IBAR11] Ibarra-Medina, J., Vogel, M., Pinkerton, A. J.: A CFD model of laser cladding: from deposition head to melt pool dynamics. In: Proc. ICALEO'2011, 2011, S. 23–27

[IPG19] IPG: YLS-AMB Series. Adjustable Mode Beam Lasers. IPG Photonics Corporation, Nr. 1.1.7 R17. Burbach, Deutschland (März 2019)

[KAIE12] Kaierle, S.; Barroi, A.; Noelke, C.; Hermsdorf, J.; Overmeyer, L.; Haferkamp, H.: Review on Laser Deposition Welding: From Micro to Macro. In: Physics Procedia, 39. Jg., 2012, S. 336–345

[KAMM21] Kammann, S.; Gipperich, M.; Plakhotnik, D.; Königs, M.; Leunis, E.; Hallet, X.: Development of a CAM-based additive laser cladding process for adaptive manufacturing of multi-material systems for high-performance components. Results of the collaborative project M-ERA.NET-MatLaMeD. Aufl. Düren: Shaker, 2021

[KITT20] Kittel, J.; Gasser, A.; Wissenbach, K.; Zhong, C.; Schleifenbaum, J. H.; Palm, F.: Case study on AM of an IN718 aircraft component using the LMD process. In: Procedia CIRP, 94. Jg., 2020, S. 324–329

[KLIN19] Klingbeil, N.: Untersuchung des Drahtsystems zur Prozessstabilisierung für das drahtbasierte Laserauftragschweißen in der additiven Fertigung.

(Reihe: Ergebnisse aus der Produktionstechnik, 12/2019). Aufl. Aachen: Apprimus Wissenschaftsverlag, 2019

[KLOC05] Klocke, F.; Castell-Codesal, A.; Donst, D.: Process characteristics of laser brazing aluminium alloys. In: Proceedings of the 11th International Conference on Sheet Metal, Nürnberg 2005, SheMet '05, 2005

[KLOC07] Klocke, F.; König, W.: Fertigungsverfahren. Abtragen, Generieren und Lasermaterialbearbeitung. 4. Aufl. Berlin, New York: Springer, 2007

[KOIK18] Koike, R.; Takemura, S.; Kakinuma, Y.; Kondo, M.: Enhancement of powder supply efficiency in directed energy deposition based on gas-solid multiphase-flow simulation. In: Procedia CIRP, 78. Jg., 2018, S. 133–137

[KOTA18] Kotar, M.; Govekar, E.: The influence of the workpiece illumination proportion in annular laser beam wire deposition process. In: Procedia CIRP, 74. Jg., 2018, S. 228–232

[KOTA21] Kotar, M.; Fujishima, M.; Levy, G. N.; Govekar, E.: Advances in the understanding of the annular laser beam wire cladding process. In: Journal of Materials Processing Technology, 294. Jg., 2021, S. 117105

[LANG18] Lange, F.; Artinov, A.; Bachmann, M.; Rethmeier, M.; Hilgenberg, K.: Numerical simulation of the weld pool dynamics during pulsed laser welding using adapted heat source models. In: Procedia CIRP, 74. Jg., 2018, S. 679–682

[LASE22] Laserline GmbH: OTZ Zoomoptiken (2022)

[MART19] Martina, F.; Ding, J.; Williams, S.; Caballero, A.; Pardal, G.; Quintino, L.: Tandem metal inert gas process for high productivity wire arc additive manufacturing in stainless steel. In: Additive Manufacturing, 25. Jg., 2019, S. 545–550

[MAZZ19] Mazzucato, F.; Aversa, A.; Doglione, R.; Biamino, S.; Valente, A.; Lombardi, M.: Influence of Process Parameters and Deposition Strategy on Laser Metal Deposition of 316L Powder. In: Metals, 9. Jg., 2019, Nr. 11, S. 1160

[MEDI20] Medina, J. S.; Devesse, W.; Ertveldt, J.; Guillaume, P.: Comparison of visual and hyperspectral monitoring of the melt pool during Laser Metal Deposition. In: Procedia CIRP, 94. Jg., 2020, Nr. 1, S. 462–468

[MILL90] Miller, R.; DebRoy, T.: Energy absorption by metal-vapor-dominated plasma during carbon dioxide laser welding of steels. In: Journal of Applied Physics, 68. Jg., 1990, Nr. 5, S. 2045–2050

[MORV12] Morville, S.; Carin, M.; Peyre, P.; Gharbi, M.; Carron, D.; Le Masson, P.; Fabbro, R.: 2D longitudinal modeling of heat transfer and fluid flow during multilayered direct laser metal deposition process. In: Journal of Laser Applications, 24. Jg., 2012, Nr. 3, S. 32008

[MOST21] Mostafaei, A.; Elliott, A. M.; Barnes, J. E.; Li, F.; Tan, W.; Cramer, C. L.; Nandwana, P.; Chmielus, M.: Binder jet 3D printing—Process parameters, materials, properties, modeling, and challenges. In: Progress in Materials Science, 119. Jg., 2021, S. 100707

[MOTT18] Motta, M.; Demir, A. G.; Previtali, B.: High-speed imaging and process characterization of coaxial laser metal wire deposition. In: Additive Manufacturing, 22. Jg., 2018, S. 497–507

[NGO18] Ngo, T. D.; Kashani, A.; Imbalzano, G.; Nguyen, K. T.; Hui, D.: Additive manufacturing (3D printing): A review of materials, methods, applications and challenges. In: Composites Part B: Engineering, 143. Jg., 2018, S. 172–196

[NOOR21] Noori Rahim Abadi, S.; Mi, Y.; Sikström, F.; Ancona, A.; Choquet, I.: Effect of shaped laser beam profiles on melt flow dynamics in conduction mode welding. In: International Journal of Thermal Sciences, 166. Jg., 2021, Nr. 4, S. 106957

[OCYL10] Ocylok, S.; Weisheit, A.; Kelbassa, I.: Functionally graded multi-layers by laser cladding for increased wear and corrosion protection. In: Physics Procedia, 5. Jg., 2010, S. 359–367

[OCYL14] Ocylok, S.; Alexeev, E.; Mann, S.; Weisheit, A.; Wissenbach, K.; Kelbassa, I.: Correlations of Melt Pool Geometry and Process Parameters During Laser Metal Deposition by Coaxial Process Monitoring. In: Physics Procedia, 56. Jg., 2014, S. 228–238

[OLIA17] Oliari, S. H.; D'Oliveira, A. S. C. M.; Schulz, M.: Additive Manufacturing of H11 with Wire-Based Laser Metal Deposition. In: Soldagem & Inspeção, 22. Jg., 2017, Nr. 4, S. 466–479

[PETR18] Petrat, T.; Winterkorn, R.; Graf, B.; Gumenyuk, A.; Rethmeier, M.: Build-up strategies for temperature control using laser metal deposition for additive manufacturing. In: Welding in the World, 62. Jg., 2018, Nr. 5, S. 1073–1081

[PEYR94] Peyre, P.; Fabbro, R.: Laser shock processing: a review of the physics and applications. In: 1994

[PINK04] Pinkerton, A. J.; Li, L.: Modelling the geometry of a moving laser melt pool and deposition track via energy and mass balances. In: Journal of Physics D: Applied Physics, 37. Jg., 2004, Nr. 14, S. 1885–1895

[PINK15] Pinkerton, A. J.: Advances in the modeling of laser direct metal deposition. In: Journal of Laser Applications, 27. Jg., 2015, Nr. S1, S15001

[PIXN20] Pixner, F.; Warchomicka, F.; Peter, P.; Steuwer, A.; Colliander, M. H.; Pederson, R.; Enzinger, N.: Wire-Based Additive Manufacturing of Ti-6Al-4V Using Electron Beam Technique. In: Materials (Basel, Switzerland), 13. Jg., 2020, Nr. 15

[POPR03] Poprawe, R.: Lasertechnik II - Anwendungen der Lasertechnik. 2. Aufl., 2003

[POPR05] Poprawe, R.: Lasertechnik für die Fertigung. 1. Aufl.: Springer Berlin Heidelberg, 2005

[POPR11] Poprawe, R.: Tailored Light 2. 1. Aufl. Berlin, Heidelberg: Springer, 2011

[POPR19] Poprawe, R.: Anwendungen der Lasertechnik. (Reihe: Lasertechnik). Aufl. Aachen, 2019

[PRAG21] Pragana, J.; Sampaio, R.; Bragança, I.; Silva, C.; Martins, P.: Hybrid metal additive manufacturing: A state–of–the-art review. In: Advances in Industrial and Manufacturing Engineering, 2. Jg., 2021, S. 100032

[PREC21] Precitec GmbH & Co. KG: CoaxPrinter. Laserauftragschweißen mit koxialer Drahtzufuhr. URL: https://www.precitec.com/de/laserschweissen/produkte/bearbeitungskoepfe/coax-printer/ [Stand: 24.08.2021]

[QUAD22] Quada Laserschweißdraht GmbH: Datenblatt QuFe13 (2022)

[RAMI18] Ramiro, P.; Alberdi, A.; Ortiz, M.; Lamikiz, A.; Ukar, E.: Characteristics of Fe-, Ni- and Co-based Powder Coatings Fabricated by Laser Metal Deposition without Preheating the base Material. In: Procedia CIRP, 68. Jg., 2018, S. 381–386

[RICH17] Richard, H. Albert; Schramm, B.; Zipsner, T. (Hrsg.): Additive Fertigung von Bauteilen und Strukturen. Aufl. Wiesbaden: Springer Vieweg, 2017

[ROBE21] Robertson, S. M.; Kaplan, A. F.; Frostevarg, J.: Material ejection attempts during laser keyhole welding. In: Journal of Manufacturing Processes, 67. Jg., 2021, S. 91–100

[ROZM08] Rozman, R.; Grabec, I.; Govekar, E.: Influence of absorption mechanisms on laser-induced plasma plume. In: Applied Surface Science, 254. Jg., 2008, Nr. 11, S. 3295–3305

[RUF04] Ruf, A.; Dausinger, F.: Interanction with Metals. In: Dausinger, F.; Lichter, F.; Lubatschowski, H. (Hrsg.): Femtosecond Technology for Technical and Medical Applications. (Reihe: Topics in Applied Physics. 96). 1. Aufl.: Springer Science & Business Media, 2004

[SCHM20] Schmidt, L.; Römer, F.; Böttger, D.; Leinenbach, F.; Straß, B.; Wolter, B.; Schricker, K.; Seibold, M.; Pierre Bergmann, J.; Del Galdo, G.: Acoustic process monitoring in laser beam welding. In: Procedia CIRP, 94. Jg., 2020, Nr. 43, S. 763–768

[SCHO16] Schopphoven, T.; Gasser, A.; Wissenbach, K.; Poprawe, R.: Investigations on ultra-high-speed laser material deposition as alternative for hard chrome plating and thermal spraying. In: Journal of Laser Applications, 28. Jg., 2016, S. 22501

[SCHU03] Schulze, G.: Metallurgie des Schweißens. 3. Aufl. Berlin, Heidelberg: Springer, 2003

[SCIA21] Sciaky Inc.: Make Metal Parts Faster & Cheaper with EBAM® Metal 3D Printing Technology. URL: https://www.sciaky.com/additive-manufacturing/electron-beam-additive-manufacturing-technology [Stand: 27.07.2021]

[SEMA00] Semak, V. V.; Steele, R. J.; Fuerschbach, P. W.; Damkroger, B. K.: Role of beam absorption in plasma during laser welding. In: Journal of Physics D: Applied Physics, 33. Jg., 2000, S. 1179–1185

[SEMA95] Semak, V. V.; Hopkins, J. A.; McCay, M.H., McCay, T.D.: Melt pool dynamics during laser welding. In: Journal of Physics D: Applied Physics, 28. Jg., 1995, Nr. 12, S. 2443

[SILZ20] Silze, F.; Schnick, M.; Sizova, I.; Bambach, M.: Laser Metal Deposition of Ti-6Al-4V with a Direct Diode Laser Set-up and Coaxial Material Feed. In: Procedia Manufacturing, 47. Jg., 2020, S. 1154–1158

[STEH22] Stehmar, C.; Gipperich, M.; Kogel-Hollacher, M.; Velazquez Iturbide, A.; Schmitt, R. H.: Inline Optical Coherence Tomography for Multidirectional Process Monitoring in a Coaxial LMD-w Process. In: Applied Sciences, 12. Jg., 2022, Nr. 5, S. 2701

[SUN18] Sun, G. F.; Yao, S.; Wang, Z. D.; Shen, X. T.; Yan, Y.; Zhou, R.; Ni, Z. H.: Microstructure and mechanical properties of HSLA-100 steel repaired by laser metal deposition. In: Surface and Coatings Technology, 351. Jg., 2018, S. 198–211

[SYED05] Syed, W. U. H.; Pinkerton, A. J.; Li, L.: A comparative study of wire feeding and powder feeding in direct diode laser deposition for rapid prototyping. In: Applied Surface Science, 247. Jg., 2005, Nr. 1-4, S. 268–276

[TABE18] Tabernero, I.; Paskual, A.; Álvarez, P.; Suárez, A.: Study on Arc Welding Processes for High Deposition Rate Additive Manufacturing. In: Procedia CIRP, 68. Jg., 2018, S. 358–362

[TAKU20] Takushima, S.; Morita, D.; Shinohara, N.; Kawano, H.; Mizutani, Y.; Takaya, Y.: Optical in-process height measurement system for process control of laser metal-wire deposition. In: Precision Engineering, 62. Jg., 2020, S. 23–29

[TANC21] Tancogne-Dejean, T.; Roth, C. C.; Mohr, D.: Rate-dependent strength and ductility of binder jetting 3D-printed stainless steel 316L: Experiments and modeling. In: International Journal of Mechanical Sciences, 207. Jg., 2021, S. 106647

[TYRA20] Tyralla, D.; Köhler, H.; Seefeld, T.; Thomy, C.; Narita, R.: A multi-parameter control of track geometry and melt pool size for laser metal deposition. In: Procedia CIRP, 94. Jg., 2020, Nr. 2, S. 430–435

[UHLM21] Uhlmann, E.; Düchting, J.; Petrat, T.; Krohmer, E.; Graf, B.; Rethmeier, M.: Effects on the distortion of Inconel 718 components along a hybrid laser-based additive manufacturing process chain using laser powder bed fusion and laser metal deposition. In: Progress in Additive Manufacturing, 2021

[VERW11] Verwimp, J.; Rombouts, M.; Geerinckx, E.; Motmans, F.: Applications of Laser Cladded WC-Based Wear Resistant Coatings. In: Physics Procedia, 12. Jg., 2011, S. 330–337

[VEYS20] Veysset, D.; Sun, Y.; Kooi, S. E.; Nelson, K. A.: Laser-Driven High-Velocity Microparticle Launcher In Atmosphere And Under Vacuum. In: International Journal of Impact Engineering, 137. Jg., 2020, S. 103465

[VÖLL20] Völl, A.: Methodik zur Ermittlung und Realisierung anwendungsangepasster Intensitätsverteilungen für die Werkstoffbearbeitung mit Laserstrahlung. Dissertation. Aachen, 15.06.2020

[WEGS16] Wegst, C.; Wegst M.: Stahlschlüssel-Taschenbuch. Wissenswertes über Stähle. 24 Aufl. Marbach/N.: Verlag Stahlschlüssel Wegst GmbH, 2016

[WEN15] Wen, P.; Feng, Z.; Zheng, S.: Formation quality optimization of laser hot wire cladding for repairing martensite precipitation hardening stainless steel. In: Optics & Laser Technology, 65. Jg., 2015, S. 180–188

[WIRT18] Wirth, F.; Arpagaus, S.; Wegener, K.: Analysis of melt pool dynamics in laser cladding and direct metal deposition by automated high-speed camera image evaluation. In: Additive Manufacturing, 21. Jg., 2018, S. 369–382

[WITT15] Witt, G.; Wegner, A.; Sehrt, J.: Neue Entwicklungen in der Additiven Fertigung. Aufl. Berlin, Heidelberg: Springer Berlin Heidelberg, 2015

[WOHL20] Wohlers, T.; Campbell, I.; Diegel, O.; Huff, R.; Kowen, J.: Wohlers Report 2020. 3D Printing and Additive Manufacturing. Aufl. Fort Collina, Colorado, USA: Wohlers Associates, 2020

[YAO21] Yao, F.; Fang, L.; Li, G. s.: Study on structure and process performance of laser cladding nickel-based coating. In: Journal of Materials Research and Technology, 13. Jg., 2021, S. 138–143

[YI19] Yi, P.; Zhan, X.; He, Q.; Liu, Y.; Xu, P.; Xiao, P.; Jia, D.: Influence of laser parameters on graphite morphology in the bonding zone and process optimization in gray cast iron laser cladding. In: Optics & Laser Technology, 109. Jg., 2019, S. 480–487

[ZEYN17] Zeyn, H.: Industrialisierung der Additiven Fertigung. Digitalisierte Prozesskette - von der Entwicklung bis zum einsetzbaren Artikel. Aufl. Berlin, Wien, Zürich: Beuth Verlag GmbH, 2017

[ZHAN13] Zhang, Y. N.; Cao, X.; Wanjara, P.: Microstructure and hardness of fiber laser deposited Inconel 718 using filler wire. In: The International Journal of Advanced Manufacturing Technology, 69. Jg., 2013, Nr. 9-12, S. 2569–2581

[ZHAN20] Zhang, C.; Li, X.; Gao, M.: Effects of circular oscillating beam on heat transfer and melt flow of laser melting pool. In: Journal of Materials Research and Technology, 9. Jg., 2020, Nr. 4, S. 9271–9282

[ZHIG98] Zhigilei, L. V.; Kodali, P. B. S.; Garrison, B. J.: A Microscopic View of Laser Ablation. In: The Journal of Physical Chemistry B, 102. Jg., 1998, S. 2845–2853

[ZHON17] Zhong, C.; Pirch, N.; Gasser, A.; Poprawe, R.; Schleifenbaum, J.: The Influence of the Powder Stream on High-Deposition-Rate Laser Metal Deposition with Inconel 718. In: Metals, 7. Jg., 2017, Nr. 10, S. 443

Anhang

Appendix

A Definitionen

Definitions

SUBSTRAT, GRUNDWERKSTOFF — *Als **Substrat** oder **Grundwerkstoff** werden in dieser Arbeit die Strahlplatten aus 1.0570 bezeichnet, auf denen die Auftragschweißversuche durchgeführt werden.*

AUFSCHWEIßUNG — *Die **Aufschweißung** ist der durch LMD-w erzeugte Teil eines Werkstücks.*

BAUTEIL, WERKSTÜCK — *Das **Bauteil** oder **Werkstück** bezeichnet die Gesamtheit aus aufgeschweißter Geometrie und Substrat. Geht es um Bauteileigenschaften, ist in dieser Arbeit insbesondere der additiv hergestellte Teil des Bauteils (Aufschweißung) gemeint.*

CW-/DAUERSTRICH-LASER — *Laserstrahl, bei dem über die Zeit eine konstante Leistung bzw. Energie abgegeben wird (cw von engl. „continuous wave").*

PW-/GEPULSTER/MODULIERTER LASER — *Laserstrahl, bei dem die Leistung durch Strahlmodulation in Form von Pulsen abgegeben wird, zwischen denen die Nettoleistung Null ist (pw von engl. „pulsed wave").*

EINSTRAHL-/CW-PROZESS — *Konventioneller LMD-w-Prozess, bei dem ausschließlich ein kontinuierlicher Laserstrahl als Energiequelle eingesetzt wird.*

ZWEISTRAHL-/CW+PW-PROZESS — *LMD-w-Prozess, bei dem als Hauptenergiequelle ein cw-Laser verwendet wird und zusätzlich ein pw-Laserstrahl mit deutlich geringerer mittlerer Leistung zum Einsatz kommt.*

B Formeln und Herleitungen

Formulas and Derivations

Ausbreitung und Beschreibung von Licht und Laserstrahlung

Licht als sich ausbreitende elektromagnetische Welle kann grundsätzlich durch die Wellengleichung in ihrer allgemeinen Form beschrieben werden [HERI07]:

$$\frac{\partial^2 y}{\partial t^2} = c^2 \frac{\partial^2 y}{\partial x^2} \tag{B-1}$$

y ist die Auslenkung, t die Zeit und x beschreibt eine Position im Raum. c ist die Ausbreitungsgeschwindigkeit. Zwischen c, der Wellenlänge λ, der Frequenz f, der Kreisfrequenz ω und der Wellenzahl k besteht folgender Zusammenhang:

$$c = \lambda f = \frac{\omega}{k} = \frac{2\pi f}{k} \tag{B-2}$$

Des Weiteren gilt für die Ausbreitungsgeschwindigkeit in einem Medium:

$$c = \frac{1}{\sqrt{\varepsilon_r \varepsilon_0 \mu_r \mu_0}} \tag{B-3}$$

mit der relativen Permittivität ε_r (1 im Vakuum), der elektrischen Feldkonstante ε_0, der relativen Permeabilität μ_r (1 im Vakuum) und der magnetischen Feldkonstante μ_0.

Die allgemeine Lösung der Wellengleichung (B-1) ist eine Funktion vom Typ:

$$y(x,t) = f(x \pm ct) \tag{B-4}$$

Insbesondere ist die harmonische Welle, d.h. eine Welle, die gemäß einer Cosinus-Funktion schwingt, eine Lösung:

$$y(x,t) = y_0 cos(\omega t \pm kx + \varphi_0) \tag{B-5}$$

y_0 ist die Amplitude der Schwingung und φ_0 die Phasenverschiebung.

Trifft ein Lichtstrahl auf eine Grenzfläche zwischen zwei Medien, werden je nach Brechungsindex der Medien und Oberflächeneigenschaften der Grenzfläche bestimmte prozentuale Anteile der einfallenden Leistung reflektiert, transmittiert und absorbiert. Für die jeweiligen Anteile gilt der Zusammenhang:

$$1 = R + T + A \tag{B-6}$$

Für den Intensitätsverlust in einem absorbierenden Medium gilt in Abhängigkeit des Absorptionskoeffizienten α und der Eindringtiefe z nach dem Lambert-Beerschen Gesetz [HÜGE09]:

$$I(z) = I_0 e^{-\alpha z} \tag{B-7}$$

mit der Restintensität I und der Startintensität I_0 an der Oberfläche.

Zur Beschreibung der Fokussierbarkeit eines Laserstrahls wird das Strahlparameterprodukt verwendet:

$$SPP = \theta \cdot r_0 = M^2 \frac{\lambda}{\pi} \tag{B-8}$$

θ ist der halbe Öffnungswinkel des Strahls im Fernfeld, r_0 der Strahlradius in der Fokuslage und M^2 die Beugungsmaßzahl. Je größer M^2, desto schlechter ist der Strahl fokussierbar. Die Rayleighlänge ist die Distanz, innerhalb derer sich die Querschnittsfläche des Strahls ausgehend von der Strahltaille verdoppelt.

Bragg-Bedingung

Wird Strahlung einer bestimmten Wellenlänge λ mit dem Einfallswinkel θ an parallelen Ebenen (z.B. Netzebenen eines Kristalls) mit Abstand d reflektiert, so tritt für die reflektierten Teilstrahlen konstruktive Interferenz auf, wenn folgende Bedingung erfüllt ist [HERI07]:

$$2d\ sin\theta = n\lambda \tag{B-9}$$

wobei n eine natürliche Zahl ist. Der Gangunterschied zwischen zwei reflektierten Strahlen muss also ein ganzzahliges Vielfaches der Wellenlänge sein.

Energiebilanz Kalorimeterversuch

Im Kalorimeterversuch wird die Probe während der Zeit t_A durch die Laserstrahlung mit Leistung P_L erwärmt. Die aufgenommene Energie E_A lässt ich mithilfe der spezifischen Wärmekapazität der Probe c_S sowie der Starttemperatur $T_{0,S}$ und der Temperatur $T_{A,S}$ nach der Laserbearbeitung ausdrücken [HERI07]:

$$E_A = \alpha P_L t_A = m_s c_s (T_{A,S} - T_{0,S}) \tag{B-10}$$

Nachdem die Probe in das Wasserbad gefallen ist, gibt sie so lange Energie an die Flüssigkeit ab, bis beide die Endtemperatur T_E erreichen. Es kann folgende Energiebilanz aufgestellt werden:

$$m_s c_s (T_{A,S} - T_E) = m_L c_L \left(T_E - T_{0,S}\right) \tag{B-11}$$

Auflösen von (B-11) nach $T_{A,S}$ und Einsetzen in (B-10) führt zu Gleichung (4-1).

C Ergänzende Messergebnisse

Additional Measurement Results

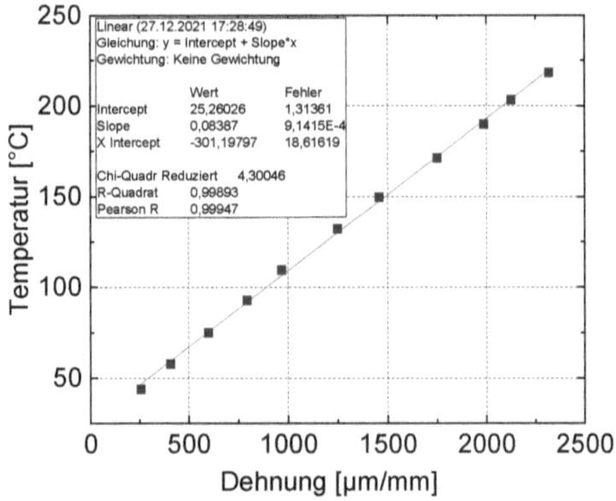

Abbildung C-1: Kalibrationsmessung zur Dehnungs-Temperatur-Korrelation für die OBR-basierte-Temperaturbestimmung.

Calibration measurement for strain-temperature-correlation for OBR-based temperature determination.

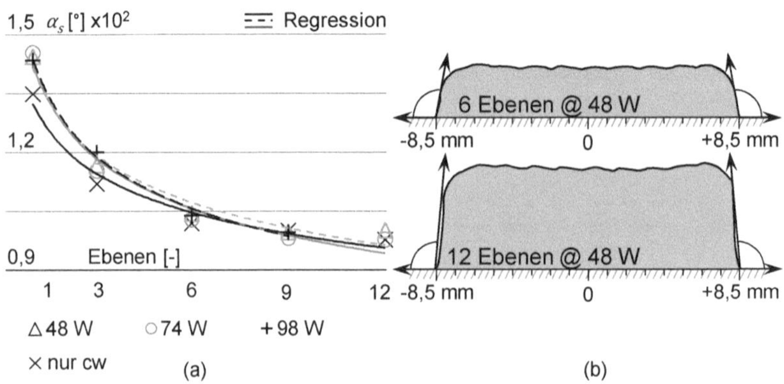

Abbildung C-2: Anbindungswinkel α_S zwischen Aufschweißung und Substrat in Abhängigkeit von der Schichtanzahl und der pw-Leistung (f_{pw} = 7500 Hz).

Connection angle α_S between weld and substrate as a function of layer number and pw power (f_{pw} = 7500 Hz).

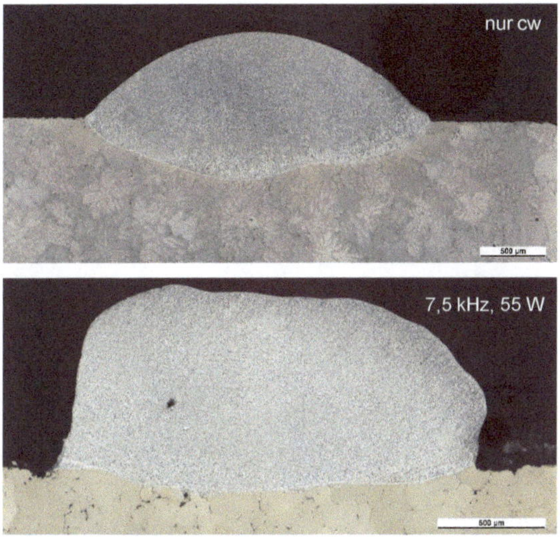

Abbildung C-3: Beispiele für die Beeinflussbarkeit der Schweißraupengeometrie in LMD-w-Prozessen mit Aluminium durch den Zweistrahlprozess (EN AW-4043/AlSi5 auf EN AW-7021).

Examples of how the welding bead geometry in LMD-w processes with aluminum can be influenced by the dual-beam process (EN AW-4043/AlSi5 on EN AW 7021).

In der Reihe **Ergebnisse aus der Produktionstechnik** zuletzt erschienen:

Gipperich, Marius:
Untersuchung eines Zweistrahlprozesses als Ansatz zur Prozessstabilitätserhöhung des drahtbasierten Laserauftragschweißens
ISBN: 978-3-98555-151-4
Erscheinungsdatum: 15.03.2023

Ahmad, Mubarik:
Anregungsgerechte Auslegung und Tolerierung schnelllaufender Getriebe unter Berücksichtigung kurz- und langwelliger Verzahnungsabweichungen
ISBN: 978-3-98555-130-9
Erscheinungsdatum: 06.03.2023

Motschke, Tobias:
Analyse und Modellierung der Dämpfungseigenschaften von Spindellagern
ISBN: 978-3-98555-148-4
Erscheinungsdatum: 06.03.2023

Priwisch, Martin:
Kontaktfreie Bahnlaufregelung zur Herstellung funktionaler Mehrlagensysteme in einem kontinuierlichen Laminierprozess
ISBN: 978-3-98555-139-2
Erscheinungsdatum: 27.02.2023

Frye, Maik:
Recommending Data Preprocessing Pipelines for Machine Learning Applications in Production
ISBN: 978-3-98555-147-7
Erscheinungsdatum: 15.02.2023

Cremer, Sven:
Controlling der Migration in Produktionsnetzwerken
ISBN: 978-3-98555-145-3
Erscheinungsdatum: 09.02.2023

Schmidhuber, Matthias:
Sozio-technische Problemlösungsfähigkeit von PPS-Systemen
ISBN: 978-3-98555- 143-9
Erscheinungsdatum: 07.02.2023

Ohlert, Marius:
Contact between Abrasive Media and Workpiece in Robot-guided Centrifugal Finishing
ISBN: 978-3-98555- 144-6
Erscheinungsdatum: 07.02.2023

Schwarberg, Thomas:
Bestimmung der Logik von Innovationsideen für technische Systeme
ISBN: 978-3-98555- 142-2
Erscheinungsdatum: 07.02.2023

Graberg, Tim:
Operationalisierung von digitalen Schatten im Werkzeugbau
ISBN: 978-3-98555-141-5
Erscheinungsdatum: 06.02.2023

Edition Wissenschaft
Apprimus

Nienheysen, Philipp:

Werkstattgerechte Schadensanalyse in CFK-Strukturbauteilen mit optisch georteter Ultraschallmesstechnik

ISBN: 978-3-98555-136-1
Erscheinungsdatum: 30.01.2023

Behrens, Jan:

Selbstkalibrierung von 5-Achs-Bearbeitungszentren mit Dreh-/Schwenktisch

ISBN: 978-3-98555-124-8
Erscheinungsdatum: 24.01.2023

Müller, Tobias:

Modellbildung mittels Symbolischer Regression zur Messunsicherheitsbestimmung komplexer Messprozesse

ISBN: 978-3-98555-146-0
Erscheinungsdatum: 30.01.2023

Kreß, Julian Maximilian:

Erbringung hybrider Leistungsangebote in Wertschöpfungsnetzwerken

ISBN: 978-3-98555-128-6
Erscheinungsdatum: 24.01.2023

Bickendorf, Philipp:

Tribologische und geometrische Auslegung von additiv hergestellten Werkzeug-einsätzen zur Feinblech-umformung

ISBN: 978-3-98555-133-0
Erscheinungsdatum: 24.01.2023

Helbig, Jens:

Typisierung und Auswahl von Referenzstrategien für den Werkzeugeinkauf

ISBN: 978-3-98555-122-4
Erscheinungsdatum: 19.12.2022

Schlegel, Peter:

Bewertung und Optimierung der Vollständigkeit von Betriebsdaten im Kontext der Fehlerprädiktion

ISBN: 978-3-98555-120-0
Erscheinungsdatum: 18.11.2022

Vierschilling, Sebastian Patrick:

Automatisierung der Standortauswahl in der Fabrikplanung

ISBN: 978-3-98555-134-7
Erscheinungsdatum: 09.01.2023

Wenning, Marius:

Kontextabhängige Anomaliedetektion zur visuellen Hinderniserkennung für automatisierte PKW im End-of-Line-Bereich

ISBN: 978-3-98555-121-7
Erscheinungsdatum: 19.12.2022

Kukla, Christian:

Prozesstemperaturregelung in der laserunterstützten Verarbeitung von faserverstärkten thermoplastischen Verbundkunststoffen

ISBN: 978-3-98555-116-3
Erscheinungsdatum: 19.10.2022

Edition Wissenschaft
Apprimus

FSC
www.fsc.org
MIX
Papier | Fördert gute Waldnutzung
FSC® C083411

Zeitfracht Medien GmbH
Ferdinand-Jühlke-Straße 7
99095 Erfurt, Deutschland
produktsicherheit@kolibri360.de